20 razones
para amar la química

20 razones
para amar la química

Héctor Busto Sancirián

Prólogo de Eduardo Sáenz de Cabezón

Primera edición en esta colección: septiembre de 2024

© Héctor Busto Sancirián, 2024
© del prólogo, Eduardo Sáenz de Cabezón, 2024
© de la presente edición: Plataforma Editorial, 2024

Plataforma Editorial
c/ Muntaner, 269, entlo. 1.ª – 08021 Barcelona
Tel.: (+34) 93 494 79 99
www.plataformaeditorial.com
info@plataformaeditorial.com

Depósito legal: B 15365-2024
ISBN: 978-84-10243-37-8
IBIC: PDZ
Printed in Spain – Impreso en España

Diseño de cubierta:
Pablo Nanclares

Fotocomposición:
Grafime

El papel que se ha utilizado para imprimir este libro proviene
de explotaciones forestales controladas, donde se respetan
los valores ecológicos, sociales y el desarrollo sostenible del bosque.

Impresión:
Romanyà Valls
(Capellades)

Para mi madre,
para Isa,
para Rita.

Los químicos somos soñadores. Ideamos nuevas moléculas y les damos vida.

Carolyn Bertozzi
Premio Nobel en Química 2022

Índice |

Prólogo
Eduardo Sáenz de Cabezón

Cuando leas este libro, pon una atención especial o te perderás algo importante. Lo advierto porque el libro que tienes entre manos es sobresaliente por al menos dos motivos diferentes. El primero es que es un muy buen libro de química, y el segundo es que se trata de un excelente ejemplo de obra de divulgación científica. Digo que prestes una atención especial porque puede que no te des cuenta de ese segundo motivo. Puede que pongas la mirada solo en la parte «química» de esta obra y no te des cuenta de lo otro. Permíteme que sea un poco explícito en desgranar las razones por las que hago esta afirmación que puede parecerte una mera alabanza cariñosa al autor. No es solo eso, te lo aseguro, y quisiera ayudarte desde este prólogo a disfrutar de una forma más completa de lo que a primera vista parece solamente un libro de química.

Antes de nada, he de decir que admiro a quienes saben comunicar bien la química. Y es que la tarea de compartir conocimientos de química de forma atractiva con un público general es una tarea particularmente difícil, por tres razones: la primera es que la química está en todas partes, interviene en casi todas las facetas de nuestra vida y, por tanto, es muy complicado seleccionar qué partes de esta ciencia y sus aplicaciones van a ser más adecuadas para escribir un libro. Qué selecciona uno y con qué profundidad tratarlo para que sea disfrutado por un público que tal vez no tiene conocimientos o interés previo. Es difícil elegir qué le va a ser más útil, o cómo construir un marco de conocimiento, un conjunto de saberes que nos ayude, a quienes no hemos estudiado apenas química, a adquirir una visión general de esta disciplina. Hace falta tener conocimientos muy amplios para hacer bien esa selección.

En segundo lugar, la química tiene, como tal, y en abstracto, muchos detractores. Se considera a veces «lo químico» como lo opuesto a lo natural y, por lo tanto, nocivo, o al menos, peligroso. Es curioso, porque esto es particularmente cierto en algunos ámbitos como el alimentario o incluso el médico y, sin embargo, suele ser al revés en otros como el cosmético, donde los términos químicos complejos llevan asociado cierto prestigio. Parece que uno tenga que luchar contra algunos prejuicios hacia la química, como si fuera la culpable de casi todos los males.

El tercer motivo de esta dificultad particular de la química para ser comunicada es la propia dificultad de la disciplina. Está llena de términos complicados, de cierta abstracción, a veces no nos podemos hacer una idea palpable de sus procesos… A quien no ha practicado nunca la química le parece a veces que esta consiste en mezclar cosas a ver qué ocurre, y resulta complicado entender la vida secreta de las moléculas y las reacciones.

Héctor Busto supera en este libro la triple dificultad de forma magistral y a la vez sencilla, en el mejor y más hermoso sentido de la palabra. La fórmula para hacerlo es fácil de exponer, pero difícil de lograr, y por eso me parece importante hacerla explícita. El motivo no es ensalzar la figura de Héctor Busto (que ni lo necesita ni es mi propósito en este prólogo), sino indicar de alguna manera el camino a quienes quieran adentrarse también en el camino de la divulgación científica, sea sobre química o sobre cualquier otra ciencia. El primer ingrediente de la fórmula es el conocimiento profundo de la materia. Héctor Busto es un químico muy destacado, su carrera científica es brillante y ha sabido además tener una visión amplia de la disciplina, algo poco común entre los científicos actuales de cualquier campo. Otro ingrediente básico es la sensibilidad hacia el público, sus gustos, sus necesidades, sus miedos… Es fundamental un cierto conocimiento de la naturaleza humana, eso que a veces llamamos «sabiduría» y que tiene que ver con la inteligencia en sus varias formas, pero que es mucho más que eso. Conforme vayas avanzando en la lectura de este libro vas a experimentar los efectos de esa sensibilidad, de esa sabiduría en cada página, casi sin darte cuenta, de una forma sutil pero omnipresente.

Otro ingrediente que no puede faltar en esta fórmula de la buena divulgación es la maestría en la comunicación. Esta se adquiere a través de la experiencia y de la reflexión continua sobre el acto de comunicar. Hay quien piensa que eso es una especie de don innato, y aunque vienen bien ciertas dosis de aptitudes personales, es algo que se entrena, se trabaja, se estudia, se prepara, se comparte... y se consigue. Hay, seguro, otros ingredientes que están presentes, en menor proporción, en esta fórmula de la divulgación científica. Pero finalmente todos deben estar amalgamados en eso que a veces denominamos de forma general como «pasión» o «amor» por la disciplina. Sé que a veces se abusa de este tipo de palabras y su significado queda diluido por este abuso, pero podemos tratar de identificar en qué consiste. A mi juicio se trata de acercarse a la propia disciplina de una forma que implica lo emocional, lo sentimental y lo afectivo, acompañando y enriqueciendo el mero acercamiento intelectual. Entiendo que una persona que siente pasión por su disciplina aporta, al acercarse a ella, su propia forma de ser, los aspectos más positivos de su personalidad, y eso hace que los demás veamos la disciplina de forma más atractiva cuando nos es presentada por una persona que tiene pasión por ella. De alguna manera la persona está presente en la comunicación, y no hay nada más eficaz que la comunicación directa de persona a persona.

Por todo esto me parece que el libro que tienes entre las manos es una excelente obra de divulgación, porque aúna maestría en el dominio de la materia, sensibilidad en el modo de presentarla y pasión en la manera de acercarse a ella. Está claro que es una excelente obra de química, y eso lo vas a descubrir en cuanto empieces a leer. Pero pon mucha atención en la lectura, porque si lo haces, descubrirás otras capas igual de maravillosas en un libro que sin duda vas a disfrutar. Espero que este prólogo te ayude a obtener un provecho más intenso de las páginas que estás a punto de leer. Que lo disfrutes.

Introducción |

En el año 2011 se celebró en todo el mundo el Año Internacional de la Química, promovido por la Asamblea General de las Naciones Unidas. El lema fue «Química: nuestra vida, nuestro futuro». Ese año coincidía, además, con el centenario de la concesión del premio Nobel de Química a Marie Curie. En todo el mundo se realizaron multitud de actividades para acercar la química a la sociedad y este hito reforzó el camino para que los profesionales del sector, tanto del ámbito industrial como académico e investigador, asumiésemos la importancia de la divulgación científica de la química.

A lo largo de 20 capítulos mostraré cómo los avances en la química han permitido salvar millones de vidas, por ejemplo, con algo tan aparentemente simple como la cloración del agua. La penicilina, los fertilizantes nitrogenados, las vacunas, los biomateriales... La química se revela como un pilar fundamental en la mejora de la calidad de vida.

Sin embargo, también tiene un lado oscuro que muchas veces hace que la población se ponga a la defensiva cuando se habla de esta ciencia. Los pesticidas, los plásticos, la combustión, entre otros, son temas que generan rechazo por parte de la sociedad, en muchas ocasiones con una base fundada. En este libro no voy a obviar esta problemática, pero sí que trataré de exponer cómo la cuestión no radica en la ciencia, en este caso en la química, sino en el uso que hacemos de ella.

Estas dos caras de la química están presentes hasta en nuestro lenguaje. Es muy común la expresión «entre ellos hay química» cuando queremos reflejar una conexión especial entre las personas, pero también es frecuente la expresión «este producto tienen mucha química» cuando queremos expresar que un alimento parece poco saludable debido a la presencia de una lista de compuestos en su etiquetado. El contexto químico de la primera expresión es fácil de entender. La química es una ciencia que, entre otras cosas, estudia la interacción entre las sustancias. Todos tenemos en la mente una reacción química en la que unas sustancias interaccionan para dar otras. Pero tal vez no tengamos presente otros tipos de interacciones más sutiles que permiten activar procesos biológicos o que hacen que las células se comuniquen. La vida es interacción química.

La segunda expresión es mucho más común. Nos enfrenta a la idea de que todo aquel alimento que en su etiqueta nutricional lleva una serie de nombres químicos es poco saludable comparado, por ejemplo, con una naranja. Sin embargo, ambos alimentos están hechos de átomos y moléculas. Es una condición indispensable para que existan.

A veces, lo que queremos decir con este lenguaje, es que un determinado producto tiene en su composición una sustancia hecha en un laboratorio. Nuevamente, aquí tenemos que poner en contexto estas expresiones. Un compuesto hecho en un laboratorio o extraído y purificado de una fuente natural, al tener la misma estructura, tienen la misma función y actividad. El ácido cítrico de una naranja y el elaborado en un laboratorio, son el mismo ácido.

Y me diréis: ya, ¿y los compuestos que no existen en la naturaleza y son únicamente hechos en el laboratorio?

En este grupo tenemos, por ejemplo, multitud de compuestos farmacéuticos que van desde antibióticos a anticancerígenos, pasando por analgésicos. Todos ellos superan unas estrictas pruebas antes de salir al mercado, y, lo más importante, continúan bajo vigilancia extrema una vez comercializados. Por tanto, ni «compuesto químico» es sinónimo de artificial, ni «compuesto artificial» es sinónimo de producto tóxico.

Tal vez lo que he comentado en los párrafos anteriores sea el mayor prejuicio que debemos derribar los profesionales de la química para divulgar los innumerables motivos que existen para amar esta ciencia.

Las razones para amar la química vienen acompañadas en los diferentes capítulos, por trabajos que los químicos pueden ejercer a nivel profesional y por saberes necesarios que la sociedad en general debe de adquirir para alcanzar el pensamiento crítico imprescindible en pleno siglo XXI.

Lo más maravilloso de poder narrar estas *20 razones para amar la química* es que conectan con las numerosas razones que hay para amar cualquier disciplina científica. Amar la química no es solo compatible con amar otras ciencias, sino que es importante para amar las matemáticas, la física, la lingüística, la ingeniería... y viceversa. Lo fantástico de la ciencia es que saber y querer aprender acerca de una disciplina lleva a tener infinitas razones para amar toda la ciencia y su trabajo.

Para los que ya disfrutáis de la química, deseo que este libro os proporcione herramientas para divulgarla. Para aquellos que la química no os despierta gran interés, confío en que el libro, o algunos de sus capítulos, os ayuden a querer saber más de ella. Para los que aborrecéis la química y pensáis que es una ciencia que gira solo en torno a la formulación y a la memorización, deseo que terminéis el libro diciendo «la química está en nuestras vidas y estará en nuestro futuro».

1.
Una dosis de aire fresco

Es domingo por la mañana, y gracias a la magia de los días festivos otoñales, el lunes no hay ni trabajo ni colegio. Estamos toda la familia en una casa rural en medio de la montaña y la temperatura exterior anima a abrir la ventana y respirar aire puro. Rodeados de bosque, la sensación de paz se ve acrecentada por el silencio casi absoluto. Mi hija viene detrás, respira, y dice:

—¡Qué gusto da oxigenarse!

—Oxigenarse, nitrogenarse..., el aire está compuesto por... —intento replicar.

—Papá, ¿ya estás otra vez? ¿Ni en vacaciones lo puedes evitar?

A Claudia no le desagrada la ciencia, a pesar de que sus dos padres químicos le hagan odiar de vez en cuando cualquier atisbo de ciencia experimental. Desde pequeña ha oído, a veces hasta la extenuación, cuál es la composición del aire. Y sí, es verdad, hablamos de oxigenarnos, pero cuando respiramos bocanadas de aire estamos introduciendo en el cuerpo una mezcla de oxígeno, nitrógeno, argón...

El aire, algo tan intangible para nuestros ojos, es vital para la vida en el planeta, y su calidad está empezando a valorarse en las últimas décadas debido a dos causas principales. Por un lado, el efecto en nuestra salud de la contaminación como consecuencia de una sobreexposición a diversos gases y partículas que en ciertas concentraciones son nocivos. La segunda causa básica es el incremento del efecto invernadero que causan algunos de los gases emitidos —hasta hace poco sin control— desde la Revolución Industrial.

—Mira, Claudia, en el aire no solo están esos gases que aprendéis de carrerilla en el instituto, también hay agua en forma de vapor, dióxido de carbono y por desgracia diversos óxidos de nitrógeno. Muchos de ellos son producto de la actividad humana.

—Ya, papá, nos estáis dejando un bonito mundo con todas las consecuencias que nos está trayendo el cambio climático... Y las medidas para paliarlas van tan lentas...

—Es cierto que desde el siglo XIX la concentración de dióxido de carbono en la atmósfera se ha elevado de forma drástica. La humanidad ha progresado también, de modo que, por ejemplo, la esperanza de vida se ha duplicado en el último siglo.

La causa principal del aumento de dióxido de carbono ha sido la combustión de combustibles fósiles. En nuestro planeta tenemos diversos ciclos que mantienen el delicado equilibrio de la vida y el ciclo del carbono es uno de ellos. Descubierto por los químicos Joseph Priestley y Antoine

Lavoisier,[1] es un ciclo biogeoquímico en el que el elemento carbono, en diversas formas, se va moviendo a través de la Tierra, la atmósfera, los océanos y los seres vivos. Así, el dióxido de carbono es un gas fundamental para la existencia de la vida, mediante el cual las plantas, junto con el agua y a través de la energía del sol, crean la materia orgánica. Luego, los seres humanos, por ejemplo, utilizamos esa materia orgánica para alimentarnos y obtener energía, y, a su vez, también se obtienen las dos moléculas utilizadas por las plantas, el agua y el dióxido de carbono. Se trata de círculos virtuosos que se hallan en un equilibrio tan delicado que a veces se rompe.

Con la Revolución Industrial el ser humano dominó la reacción de combustión. Quemar madera, quemar carbón, quemar petróleo y sus derivados…, en definitiva, quemar materia orgánica para obtener lo mismo que obtiene con el alimento al comer: energía, agua y dióxido de carbono. El problema es que estos procesos se han incrementado de manera exponencial, y, como consecuencia, la concentración de dióxido de carbono en la atmósfera ha aumentado un 50 %

---

1. Cuando se destacan nombres en ciencia, en la mayor parte de las ocasiones nos dejamos otras muchas figuras en el tintero. Joseph Priestley (1733-1804) y Antoine Lavoisier (1743-1794) son dos científicos clave, no solo por su contribución inicial a la descripción del ciclo de carbono, sino en el desarrollo de una extensa investigación. Sin embargo, es necesario reconocer que este avance no habría sido posible sin la influencia de científicos predecesores, coetáneos y sucesores como Jan Baptiste van Helmont (1580-1644), James Hutton (1726-1797), Armand Seguin (1767-1835), Humphry Davy (1778-1829) y Jöns Jacob Berzelius (1779-1848), entre otros.

en los dos últimos siglos, cuando se había mantenido estable desde la época del Imperio romano.

Otro inconveniente añadido es que, en la combustión, por ejemplo, que tiene lugar en los coches, no participa solo el oxígeno. Al utilizar el aire como comburente, estamos introduciendo otras moléculas en el proceso, como el nitrógeno, lo que produce indeseados óxidos de nitrógeno. De esta forma estamos alterando ese equilibrado ciclo del carbono y, además, introduciendo otros gases nocivos.

—Vamos, que buena la habéis liado los químicos —dice Claudia para hacerme rabiar.

—Claudia, no voy a entrar en ese debate. Sabes de sobra que una cosa son los avances científicos y tecnológicos y otra es el uso, y abuso en demasiadas ocasiones, que se haga de ellos. Pero, además, sabes que las soluciones a estos problemas están en la ciencia, y muchas de ellas vienen de la mano de la química.

Cada vez más las diferentes disciplinas del saber y, por tanto, sus respectivas profesiones, se entrelazan más. No solo es que el nuevo conocimiento científico se produzca en la frontera de las disciplinas; los grandes avances profesionales también. Por esta razón, diversas oportunidades laborales asociadas con carreras universitarias con nombres muy concretos y específicos, como el grado en Química, se entrecruzan con otras disciplinas profesionales e incluso las invaden.

Este fenómeno se observa especialmente en las profesiones relacionadas con el análisis y control de la calidad del aire que respiramos y con la obtención y desarrollo de herramientas y tecnología para prevenir su deterioro. Así, por ejemplo, la química ambiental es una opción profesional relevante para quienes estudian química.

El estudio de la química del ambiente comprende, por supuesto, el aire, el agua y la tierra. En concreto, para el tema del aire, los profesionales de la química analizan el impacto que las emisiones de dióxido de carbono y otros compuestos procedentes de la combustión tienen en la calidad del aire y del clima.

Existen numerosas estaciones de medición y evaluación de la calidad del aire cuyos datos se pueden visualizar, en tiempo real, a través de las redes de vigilancia de dicha calidad. Además, muchas empresas precisan de técnicos especializados para el control de sus emisiones. Estos técnicos pueden trabajar de forma directa o mediante otras empresas consultoras especializadas en la calidad del aire y del medioambiente.

Vemos, pues, que una de las especialidades de la química sería el análisis de la calidad del aire. Sin embargo, esta ciencia tiene mucho que decir y aportar también en los procesos que tienen que ver, sobre todo, con la disminución de las emisiones de dióxido de carbono y la captura del mismo.

Incluso existen perfiles para titulados en Química que se enfocan en varios aspectos de los ciclos del agua, del carbono y del nitrógeno: los biogeoquímicos. De hecho, estos ciclos se llaman así: ciclos biogeoquímicos. Estos profesionales estudian cómo los elementos químicos fluyen a través de los sistemas vivos y sus entornos físicos tanto en la tierra como en el agua y el aire.

—Papá, en el insti han comentado que una opción interesante para disminuir el dióxido de carbono es capturarlo. ¿Eso es posible? ¿Cómo se captura un gas?

—Pues sí, hay reacciones químicas que son conocidas desde hace tiempo que ahora vuelven a tener un gran interés, como, por ejemplo, aquellas que permiten atrapar el dióxido de carbono... Seguro que tu madre también lo comenta en sus clases de secundaria de física y química.

—Uf, menos mal que mamá no me da clase... —dice Claudia, casi sonrojada.

Además de la aplicación de antiguas reacciones o de nuevos procesos para la captura del dióxido de carbono, también son importantes los usos alternativos que se le puedan dar a este gas de efecto invernadero. Sabemos que la naturaleza, a través de las plantas, es capaz, partiendo de este gas, de obtener moléculas orgánicas complejas. Sin llegar todavía a esos extremos, tenemos en nuestras manos la posibilidad de hacer reaccionar el dióxido de carbono para obtener moléculas que se puedan utilizar de muy diferentes formas.

Algunas de estas reacciones permiten obtener los que se conocen como «combustibles sintéticos», desarrollados generalmente a partir de dióxido de carbono e hidrógeno. Sin embargo, la eficiencia en su obtención y posterior utilidad está todavía por desarrollar. Aquí los profesionales de la química vuelven a tener un papel vital, ya que, no solo es necesario disponer de nuevas reacciones, sino también de conseguir hacerlas factibles a gran escala y que todo el proceso sea eficiente y rentable. Muchas empresas del sector energético, de la construcción o de los materiales están interesadas en estos procesos y, por tanto, en estos perfiles de profesional de la química.

Y, por supuesto, en el campo de la investigación, tanto en universidades, como en organismos públicos de investigación, centros tecnológicos y también empresas, existe un claro interés en este tipo de trabajo y perfil profesional.

—Ja, ja, creo que a tu madre tampoco le gustaría darte clase. Anda, vamos a desayunar y luego damos un paseo por el bosque. Me suena haber oído decir que hay una antigua mina de plomo por la zona.

2.
Descifrando la química de la Tierra

Las minas abandonadas suponen un recurso turístico añadido a las escapadas rurales. Algunos lo llaman «turismo industrial», pero el hecho es que son a la vez una experiencia fascinante y misteriosa en medio de parajes despoblados. El auge minero en España empezó en el siglo XIX y duró poco más de un siglo. Aquello permitió el desarrollo de zonas rurales, aunque en muchas regiones lo hizo en detrimento del medioambiente.

En numerosas situaciones, el progreso —y la química no está exenta de ello— requiere un compromiso entre avances tecnológicos y el cuidado de lo más preciado, la vida en el planeta. Estas minas abandonadas han provocado a menudo cambios paisajísticos que con el paso del tiempo los vemos con curiosidad de turista ávido de conocimiento. Tal vez, uno de los casos más claros sea el paisaje de las Médulas (León), un entorno generado por una antigua explotación minera romana.

El metal que extraían los romanos a cielo abierto era ni

más ni menos que oro. El preciado metal, de símbolo Au, es el elemento químico 79 en la tabla periódica de los elementos. En internet existe abundante información sobre la tabla periódica, pero hay un recurso muy curioso que relaciona los elementos con el número de veces que son mencionados en los libros.[2] Ahí el oro es imbatible y según esta web por cada millón de palabras que conforman los libros, sesenta y cuatro son la palabra «oro».

La extracción del metal supuso una alteración del entorno, pero a la vez dejó un impresionante paisaje de arenas rojizas que ahora está parcialmente cubierto de vegetación. Es digno de visitar y en 1997 fue declarado Patrimonio de la Humanidad por la Unesco.

Otro metal que aparece con frecuencia en los libros, diez veces por cada millón de palabras, es el mercurio, de símbolo Hg. Este metal en España también está ligado al Patrimonio de la Humanidad a través de las minas de Almadén. Se calcula que a lo largo de la historia estas minas produjeron más de 250 000 toneladas de mercurio, siendo hoy, igual que las Médulas, un recurso turístico reconocido también por la Sociedad Europea de Química (EuChemS) con su mención de Hito Histórico.

Nuestro descanso rural estaba cercano a una vieja mina de un pesado elemento de símbolo Pb. Este elemento se sitúa en una posición intermedia entre los anteriores en cuanto a número de veces que se menciona en los libros (veinte pala-

2. http://research.google.com/bigpicture/elements/

bras de cada millón) y el principal mineral del que se extrae es la galena.

Las minas que visitamos en esta excursión no estuvieron mucho tiempo en explotación, pero aportaron riqueza y habitantes a la región. El cese de la actividad, como en otros muchos casos mineros, supuso la decadencia de la zona, lo que la convirtió en un ejemplo más de la España vaciada.

El descubrimiento y el aislamiento de nuevos elementos químicos supuso, en primer lugar, un desafío para la humanidad, y posteriormente el trabajo incasable de científicos y químicos en un rol cercano al de aventureros de nuevos mundos. Es tan manifiesta la importancia de estos descubrimientos y sobre todo del empleo de estos elementos, que ha marcado los nombres de algunas etapas de la historia: Edad de Piedra, Edad del Cobre, Edad del Bronce y Edad del Hierro.

Aunque muchos de los elementos estaban presentes en el aire y en el terreno habitado, realmente hasta el siglo XVIII, con el trabajo de hallar, aislar y caracterizar nuevos elementos, no se inició de una forma sistemática el descubrimiento de estos. A partir de entonces, cobalto, platino, níquel, magnesio, hidrógeno, oxígeno… empezaron a cobrar entidad. El gran químico francés Antoine Lavoisier en 1789 ya recopiló un total de veintitrés elementos. Tres décadas más tarde se convirtieron en cuarenta y nueve, tal y como lo describió Jöns Jacobs Berzelius.

La batalla por el descubrimiento de los elementos se convirtió en algo estratégico para los países. Algunos, motivados por la oportunidad de disponer y emplear los minerales correspondientes, y otros por liderar la carrera científica. De hecho, sus banderas jalonan la tabla periódica que se dedica a presentar los elementos a través del país descubridor.

Estos logros se consiguieron, por supuesto, no sin polémicas, tanto por los correspondientes ímpetus nacionalistas, como por la dificultad de valorar el hito del hallazgo, aislamiento, caracterización e incluso la reclamación del descubrimiento. Por ejemplo, en el caso de España se observan listados en los que aparecen asignados uno, dos o tres elementos atribuidos a españoles.

En un magnífico sello editado en conmemoración del Año Internacional de la Tabla Periódica de 2019,[3] se muestran los tres elementos en los que los hermanos Juan José y Fausto Delhuyar, Antonio de Ulloa y Andrés Manuel del Río tuvieron un papel imprescindible para seguir expandiendo este maravilloso código del universo. Estos ilustres españoles contribuyeron a la identificación y descubrimiento del wolframio, el platino y el vanadio, respectivamente.

Ponernos en la piel de estos y otros descubridores como Carl Wilhelm Scheele, Antoine Lavoisier, Humphry Davy, Jöns Jacob Berzelius, William Ramsay... supone revivir una época dorada para el hallazgo de nuevos elementos, con una

---

3. El sello fue editado en 2019 por la compañía postal Correos y fue diseñado por el catedrático de Química Inorgánica Javier García Martínez. Con grandes letras y adornados con la bandera de España, sobresalen una V, una W y un Pt, los símbolos de los tres elementos descubiertos por españoles.

buena parte de la todavía inexistente tabla periódica por descubrir. También fueron unos siglos en los que una experimentación rudimentaria hacía de estos descubrimientos una aventura científica sin igual.

Ahora los nuevos elementos no salen de minerales extraídos de la Tierra. Proceden de la audacia del ser humano de comprender y controlar la naturaleza. Los pocos átomos de nuevos elementos se producen mediante experimentos en reactores nucleares o aceleradores de partículas. El primero de ellos, un elemento detectable en trazas en la Tierra, fue el tecnecio. Posteriormente, fueron desarrollándose las metodologías para la síntesis del curio, americio, berkelio, californio... hasta llegar al elemento 118, el oganesón. Ahora solo unos pocos países tienen los medios y la tecnología necesaria para estas síntesis, y desgraciadamente España ha quedado fuera de esa aventura, hoy en día eminentemente tecnológica, que supone incrementar los elementos de la tabla periódica.

Como se puede intuir, en toda esta tarea de completar la tabla periódica han estado implicados científicos de una gran variedad de disciplinas; entre ellos, los químicos han estado muy presentes en mayor o menor medida.

Sin embargo, extraer minerales sigue siendo imprescindible para obtener componentes que nos hacen la vida más fácil. Sin ir más lejos, los elementos químicos que tiene un móvil van desde los más habituales como el oxígeno, carbono, silicio..., a otros más extraños en nuestro día a día como neodimio, gadolinio, praseodimio, etcétera.

La extracción de estos minerales para poder seguir desarrollando la tecnología que nos permite avanzar colisiona, en muchas ocasiones, con la necesaria protección del medioambiente. Un caso que sigue vivo en la memoria de muchas personas es el accidente de Aznalcóllar. En la llamada Corta de los Frailes se explotaba una mina de sulfuros de diversos metales, como cobre, plomo y cinc. En la zona ya había habido anteriormente otras explotaciones. La nueva explotación siguió utilizando la misma balsa de lodos para almacenar los estériles[4] de la mina.

Esta balsa contenía fundamentalmente lodos piríticos y aguas ácidas, pero también arsénico, cadmio, mercurio... Todos ellos elementos en cantidades demasiado elevadas para ser compatibles con la sostenibilidad del entorno. El accidente hubiera podido ser un auténtico desastre ecológico en la zona e inevitablemente en el cercano espacio natural protegido del Parque Nacional de Doñana.

El compromiso entre explotación, sostenibilidad y seguridad es, por tanto, imprescindible, y en ello los químicos tienen mucho que decir. Dentro de todo este proceso la labor de un químico cubre múltiples facetas. Desde la exploración para el hallazgo de los minerales más interesantes hasta la seguridad de las explotaciones mineras.

La química contribuye en todos los procesos de la industria minera, desde la fase de exploración, con los análisis

---

4. Material que no contiene el mineral o metal valioso y explotado por la mina.

oportunos de las muestras extraídas, hasta las pruebas finales de la pureza del metal procesado. Esta contribución abarca diversos laboratorios que van desde los más convencionales de química a otros más interdisciplinares como los metalúrgicos o de análisis de aguas.

En un sentido más amplio y en la interfase con otras disciplinas, encontramos la labor del geoquímico, profesional que une las herramientas de la química y la geología para estudiar y profundizar en el conocimiento del sistema terrestre. Así, los geoquímicos examinan la distribución de los elementos en las rocas y minerales y el movimiento de estos en el suelo y en los sistemas acuáticos. Tal vez uno de los aspectos más mediáticos de esta disciplina es el estudio de los volcanes, como vimos, por ejemplo, en la reciente erupción del volcán de Cumbre Vieja en la isla de La Palma.

La química de la tierra, como hemos visto a lo largo de este capítulo, tiene vertientes dispares que abarcan desde la tecnología más innovadora, presente en nuestros dispositivos móviles, hasta aspectos más relajados, como el turismo rural y de descanso. ¿Te lo esperabas?

3.

Somos reactores químicos

Muchas universidades han emprendido proyectos educativos dirigidos a una población adulta que desea ampliar sus conocimientos a través de programas de formación paralelos a las enseñanzas regladas. Yo tengo el placer de participar en uno de estos programas a través de mi universidad. Ante la ciencia, y más si cabe ante la química, muchos adultos son recelosos al creer que vamos a abordar conceptos complicados.

Más allá del esfuerzo que puede suponer este tipo de disciplinas, uno de los aspectos que alejan la química de los adultos —y de los jóvenes— es, en mi opinión, creer que es una ciencia alejada de la vida, en todos los sentidos. Una de las primeras aproximaciones que hago a la química en estas clases es, precisamente, ligarla a la vida.

Por ello, pregunto a mis alumnos:

—¿Qué pensáis de titulares como el siguiente?: «Cómo limpiar la casa sin usar productos químicos».

La mayoría de ellos son conscientes de que esto no es más que un titular sensacionalista, sin base alguna. Sin embargo, también saben que este tipo de titulares cada vez son más frecuentes, debido a la tendencia a creer que lo natural es siempre bueno porque carece de productos químicos.

Esta introducción es la que me da pie para abordar el tema central de la clase de ese día —y de este capítulo—, que no tiene otro propósito que convencerles de que la vida es química. Nuestro cuerpo está hecho de elementos químicos en mayor o menor concentración, empezando por oxígeno, carbono, hidrógeno, nitrógeno, calcio, fósforo, azufre... y en menor cantidad, elementos tan insospechados como cobalto, cromo, litio o selenio.

Estos elementos están distribuidos en biomoléculas, como las proteínas, los carbohidratos, los ácidos nucleicos y los lípidos. También están presentes en otras moléculas más pequeñas, los metabolitos, que son imprescindibles para el correcto funcionamiento del cuerpo humano.

Cada acción que realiza nuestro cuerpo implica una multitud de reacciones y procesos químicos. Por ejemplo, mover un brazo lleva consigo los cambios en la forma de unas determinadas proteínas. Cambios que necesitan energía que obtenemos de una molécula de nombre adenosín trifosfato y de acrónimo ATP. Estas moléculas son nuestras baterías y cada vez que necesitamos energía para llevar a cabo alguna acción se rompe un enlace fósforo-oxígeno.[5] El cuerpo

---

5. El adenosín trifosfato (ATP), como su nombre indica, tiene tres unidades de fosfato unidas entre sí por un enlace químico entre un átomo de fósforo y otro de oxígeno. Ese enlace es muy energético y, al romperse, libera energía, como si estuviéramos desaguando un embalse. Una vez roto, la molécula se queda solo con dos grupos fosfato, pasando a ser adenosín difosfato (ADP).

humano funciona con energía química. Estas moléculas de ATP las conseguimos a través de la comida y de complejos y eficientes procesos químicos que se desarrollan en nuestro cuerpo.

Esta visión de la vida, como una multitud de reacciones químicas, es abordada por distintas disciplinas, desde la bioquímica hasta otras de más reciente desarrollo como la química biológica. Esta área de investigación utiliza de forma sinérgica los conceptos y herramientas de la química y la biología para realizar nuevos descubrimientos y obtener avances tecnológicos.

Cabe recordar que hasta el siglo XIX imperaba la teoría vitalista, según la cual los procesos de la vida eran ajenos a la física y la química. Fue Friedrich Wöhler, quien, sintetizando urea a partir de materia inorgánica, empezó a desmontar tal teoría.

En 1952 los químicos Stanley Miller y Harold Urey fueron un paso más allá e intentaron emular las condiciones de una Tierra primitiva. Hicieron reaccionar agua, metano, amoniaco e hidrógeno aportando energía a la mezcla con chispas eléctricas que simulaban rayos. El resultado fue la obtención de cinco aminoácidos,[6] moléculas clave para la generación de proteínas y, por tanto, para la vida.

---

6. Los aminoácidos son pequeñas moléculas orgánicas que poseen un grupo amino (NH_2) y un grupo ácido (COOH) en su estructura. Aunque solo hay veintidós aminoácidos que pueden formar parte de las proteínas, hay otros muchos más en la naturaleza con diferentes funciones.

Sin duda, otro hito en la conexión entre química y biología es el descubrimiento de la estructura de doble hélice del ADN, que está simbolizado por la icónica fotografía 51 de Rosalind Franklin.

Aunque para los más profanos en la materia la diferenciación entre química biológica y bioquímica puede ser sutil, una de las características de la química biológica es poder comprender a nivel atómico las interacciones químicas que, por ejemplo, permiten que las células se comuniquen entre sí.

Una destacada científica investigadora en esta área es la doctora Carolyn Bertozzi, que junto con los doctores Barry Sharpless y Morten Meldal, obtuvo el Premio Nobel de Química en 2022, por sus estudios en química click y química bioortogonal. Tras estas palabras un tanto enrevesadas se halla el desarrollo de unas reacciones químicas fáciles, eficientes y tan selectivas que se han podido llevar a cabo en entornos celulares, es decir, en organismos vivos.

Los avances en este campo tienen doble dirección. Por un lado, se han optimizado reacciones en el laboratorio inspiradas en procesos que se desarrollan en los seres vivos, y, por otro lado, se han llevado a cabo reacciones típicas de un laboratorio en el interior de organismos vivos, como ha mostrado Carolyn Bertozzi.

Todas estas investigaciones están permitiendo lograr mejores tratamientos terapéuticos, como veremos más adelante. Este tipo de trabajos, en los que la visión interdisciplinar entre la química y la biología es un factor esencial, se desarrollan tanto en laboratorios académicos como farmacéuticos.

La química es vida, y hay profesiones relacionadas con la química que están muy ligadas con el ámbito sanitario. Un ejemplo de ello es la que se inicia a través de la formación de químico interno residente (abreviadamente QIR). Se trata de una formación especializada sanitaria, al igual que el médico interno residente (MIR), pero con un número sensiblemente menor de plazas.

La entrada a esta formación, al igual que el MIR, se lleva a cabo mediante un examen. Los químicos que acceden a ella pueden especializarse en cuatro campos, todos ellos muy interdisciplinares: análisis clínicos, bioquímica clínica, microbiología y parasitología, y radiofarmacia.

También, el trabajo de los químicos tiene cabida en el análisis y control de medicamentos y productos sanitarios dentro de la Agencia Española de Medicamentos y Productos Sanitarios, conocida por sus siglas AEMPS.

Las herramientas que permiten este tipo de trabajo de análisis y control sanitario de un químico están en constante desarrollo y tal vez una de las disciplinas que más están aportando a este avance en los últimos años es la «metabolómica». Esta disciplina tiene por objeto el estudio de los metabolitos, pequeñas moléculas con una gran diversidad de estructuras y funciones. El estado de salud de un ser humano depende de que exista un equilibrio correcto entre los metabolitos y cualquier pequeña variación puede ser sintomática de una patología. El estudio de estas variaciones se hace principalmente con dos técnicas bien conocidas por los químicos: la espectrometría de masas y la resonancia magnética nuclear.

Como hemos visto, la química está presente en el proceso vital de cualquier organismo y también después de la muerte. Por ejemplo, en el estudio de la escena de un crimen, para buscar las causas de una muerte violenta, entra en juego la química forense.

La química forense ocupa un espacio propio dentro de las labores que puede hacer un químico, e incluso algunas universidades la imparten con títulos propios de especialización. Más allá de lo que vemos en muchas series de televisión, donde se muestra, episodio tras episodio, el expeditivo y eficaz trabajo de los especialistas para resolver los casos, la química forense se dedica a estudiar y analizar los compuestos que aparecen en la escena del crimen.

Tal vez uno de los experimentos más llamativos —que vemos a menudo en la televisión o en el cine— es el que permite desvelar si existen restos de sangre. Hay una sustancia específica, el luminol, que puede reaccionar para emitir energía en forma de luz en un proceso denominado «quimioluminiscencia».[7] Esta luz es de un azul intenso y vivo y al aparecer en la oscuridad capta rápidamente la atención en las actividades de divulgación científica. Para que ocurra esta reacción se deben tener unas condiciones específicas, una de las cuales incluye la presencia de hierro, metal que, como es sabido, se encuentra en la hemoglobina de la sangre.

---

7. La quimioluminiscencia es una reacción química en la que la energía liberada no se emite a través de calor sino en forma de luz. Existen algunos organismos vivos que son capaces de producir luz a través de este tipo de reacciones.

Más allá de estos efectos visuales, nuevamente la química forense se sirve del moderno instrumental analítico que permite la caracterización de los compuestos que se estudian: los cromatógrafos de gases, los cromatógrafos de líquidos, la espectrometría de masas... Todos ellos estudiados, tanto a nivel teórico como práctico, en muchos de los niveles académicos en los que se imparten conceptos de química.

Como hemos visto, la química, y el trabajo de los químicos, está presente en toda nuestra vida, desde el nacimiento hasta la muerte. A continuación, veremos que los avances en esta ciencia han permitido duplicar la esperanza de vida, fundamentalmente en el último siglo.

4.
Moléculas para tu salud

La industria farmacéutica constituye uno de los sectores industriales más importantes en el mundo y también en España. Este hecho no pasa desapercibido en los planes de estudios de los distintos grados en Química, en los que, con varias asignaturas y diversos puntos de vista, se exploran las conexiones entre la química y los medicamentos. En una asignatura optativa que imparto acerca de compuestos orgánicos bioactivos, los primeros temas están dedicados a la importancia de los fármacos y de la industria farmacéutica.

La historia de los medicamentos modernos es relativamente reciente si consideramos como hito inicial el empleo de bacteriostáticos y antibióticos. Antes, aunque se habían asentado algunas bases reales terapéuticas, los compuestos que se empleaban estaban orientados a paliar síntomas más que a curar. Hasta finales del siglo XIX los remedios empleados procedían de la naturaleza, pero con la implantación de la química orgánica, tanto en el ámbito del aislamiento como de la elucidación estructural y síntesis de compuestos, se fueron conociendo y obteniendo los principios activos responsables de cada acción farmacológica. Además, se comenzaron a sintetizar derivados de productos naturales, como, por ejemplo, la heroína, que proviene de la acetilación de la morfina. Como dato curioso, la heroína se empleó desde 1898 hasta 1910 como sedante para niños. Enseguida se observaron los efectos nocivos, que hicieron abandonar este compuesto para tal fin. Afortunadamente, se ha avanzado mucho, no solo en la obtención de nuevos medicamentos, sino también en el estudio de su seguridad.

Uno de los hitos fundamentales en el desarrollo de lo que hoy conocemos como medicamentos es el trabajo de Paul Ehrlich, quien realizó aportaciones fundamentales en la quimioterapia antimicrobiana. En concreto, a través de su estudio acerca de compuestos colorantes de determinados microorganismos, sugirió que la especificidad en la unión podría ser valiosa para encontrar compuestos que actuaran contra dichos microorganismos sin dañar el cuerpo que los albergaba. Acuñó el término de «bala mágica» para esas moléculas con una afinidad diferencial, capaces de destruir los microorganismos sin efectos secundarios.

Otro de los hitos para el establecimiento de la farmacología fue el descubrimiento de la penicilina y su actividad antibiótica. El primer protagonista en esta ocasión es Alexander Fleming, quien en 1929 publicó sus trabajos sobre la actividad bactericida del moho de *Penicillium notatum*. Posteriormente fueron Howard Florey y Ernst Chain quienes hicieron que la penicilina, compuesto activo del moho, pasase a ser un fármaco que salvara vidas. En esta historia de éxito no podemos olvidar a Dorothy Crowfoot Hodgkin, quien determinó la estructura de la molécula. Como veremos más adelante, conocer la estructura de los principios activos es fundamental para el desarrollo de mejores medicamentos.

Un punto crítico en la evolución del diseño y síntesis de medicamentos fue el caso de la talidomida, un fármaco destinado a evitar las náuseas a embarazadas que tuvo consecuencias nefastas al causar malformaciones en los fetos de miles de mujeres. Este caso puso de manifiesto la necesidad de profundizar en el mecanismo de los medicamentos y la importancia de la distribución estructural tridimensional de los átomos en moléculas que parecen iguales.[8] La consecuencia fue más investigación, más controles y procesos más largos temporalmente para sintetizar fármacos más seguros y eficaces.

La industria farmacéutica toma velocidad de crucero y los químicos tienen un papel muy relevante en esta actividad tan interdisciplinar. Como hemos visto, varios son los campos donde un químico puede aportar su conocimiento. Por

---

8. Dos moléculas que tienen los mismos átomos e interconectados de igual forma, pero que no son superponibles se llaman enantiómeros. Entre ellos son imágenes especulares, con casi las mismas propiedades, salvo cuando se enfrentan a otros enantiómeros. Un guante de la mano derecha nos encaja mal en la mano izquierda. Ese efecto puede darse con las propiedades farmacológicas de los enantiómeros. Uno de ellos puede funcionar contra la patología y el otro ser nocivo.

un lado, la extracción y aislamiento de principios activos de fuentes naturales, siguiendo con la caracterización de estos y finalizando, en muchos casos, en el diseño de estrategias de síntesis. Estas estrategias deben ser eficientes, respetuosas con el medioambiente y que permitan fabricar el medicamento en grandes cantidades y sin costes elevados. Para tales fines, el nivel de los titulados va desde el graduado hasta el doctor con capacidad investigadora.

Ahora bien, también es importante que el nivel de conocimiento de la ciudadanía en general sobre estos temas sea adecuado para comprender los avances que se van produciendo. ¡Entender de química nos ayudará a saber cómo funciona un fármaco!

El proceso de llevar al mercado un fármaco es muy complejo y conlleva varias etapas. Los químicos están presentes principalmente en las iniciales. En la primera etapa de investigación —y una vez que la compañía farmacéutica ha seleccionado el objetivo terapéutico— comienza la síntesis de entre 5000 y 10000 compuestos. La elección de la diana específica que es origen de la patología dirige el tipo y estructura de compuesto que hay que sintetizar. En este contexto, en los últimos años ha evolucionado de forma exponencial el diseño por ordenador, y los químicos computacionales están ahorrando mucho trabajo de síntesis de compuestos que no encajarían en esa diana específica.

Hay que tener en cuenta que la interacción de un fármaco con su diana viene a ser como el funcionamiento de una llave para abrir una cerradura, donde la forma de la primera encaja perfectamente en la segunda. A nivel químico es similar, pero con interacciones químicas que denominamos de tipo no enlazantes. Si sabemos la estructura de la cerradura, mediante cálculos computacionales se puede saber si las nuevas moléculas que se quieren diseñar encajan. En este contexto de análisis de las estructuras, la química está dando un salto cualitativo con la inteligencia artificial (IA). Muchas dianas terapéuticas son complejas proteínas con un gran número de átomos y saber su estructura en 3D es difícil. La inteligencia artificial, a través del programa AlphaFold, ha logrado predecir la estructura de más de doscientos millones de proteínas. Conociendo la estructura de la cerradura es más fácil crear llaves que encajen en ella, lo que refleja la importancia del avance que supone un programa como AlphaFold. Lo veremos con más detenimiento en el último capítulo.

En las etapas posteriores del desarrollo de un fármaco, los químicos deben estar presentes para poder sugerir posibles cambios en la estructura de los compuestos que permitan solventar, si es posible, los problemas de las fases preclínicas y clínicas. Cabe tener en cuenta que el hecho de que un fármaco encaje con la diana no es el único requisito para que dicho fármaco funcione. Se deben considerar dos conceptos fundamentales: por un lado, la farmacodinámica, que es básicamente lo que el fármaco hace sobre el cuerpo, y por otro, la farmacocinética, que es lo que el cuerpo hace sobre el fármaco. El viaje del medicamento por el cuerpo hasta llegar a la diana es parte crucial de su desarrollo.

Hasta aquí hemos visto el papel fundamental de los químicos en la obtención de una molécula terapéutica que incida directamente en el origen de la patología. Ahora bien, ¿tienen los químicos un papel relevante en el desarrollo de las vacunas? Este tipo de medicamentos están dirigidos a estimular el sistema inmunitario tanto a nivel preventivo —vacunas clásicas— como a nivel terapéutico —cuando la enfermedad ya está desarrollada—. Hay que considerar que, al fin y al cabo, no son más que un conjunto de moléculas, más o menos complejas. Por ejemplo, unos de los tipos de fármacos más innovadores de los últimos años son los denominados «anticuerpos monoclonales», entidades químicas formadas por proteínas, que se unen de forma muy específica a la diana terapéutica.

Por otro lado, la generación de antígenos —palabra que se ha convertido de uso común desde la epidemia de la covid-19— puede permitir la estimulación del sistema inmunitario, por ejemplo, para combatir el cáncer. Estos antígenos pueden ser naturales o artificiales, y para ello el papel de los químicos es imprescindible.

Como hemos visto en las vacunas contra la covid-19, una de las maneras de generar el antígeno que estimula el sistema inmunitario, es dar las instrucciones al cuerpo para que lo cree en forma de ARN mensajero.[9] Uno de los éxitos de estas vacu-

---

9. Las vacunas de ARN mensajero llevan consigo las instrucciones, como si se tratara de un manual para construir un mueble, para que nuestro organismo fabrique el antígeno en los ribosomas de las células.

nas ha sido la forma de hacer llegar este delicado ARN mensajero a su destino mediante nanopartículas lipídicas. Nuevamente, los químicos han tenido aquí un papel muy relevante. Es evidente, pues, que la industria farmacéutica requiere una gran variedad de especialistas que trabajen de forma multidisciplinar y coordinada. En este sentido, los químicos pueden aportar su conocimiento y competencias en lo referente a:

• la investigación básica sobre la búsqueda de candidatos a fármacos y el efecto de diversas sustancias químicas en sistemas biológicos;
• el análisis sintético y el desarrollo de fármacos, incluido tanto el análisis estructural como la formulación de medicamentos;
• las pruebas de posibles compuestos bioactivos en poblaciones de pacientes;
• la elaboración de directrices sobre el uso de los nuevos fármacos.

Trabajar en un ambiente tan interdisciplinar e interconectado permite llevar a cabo un amplio desarrollo profesional, empezando por el trabajo específico en el laboratorio y continuando con la química de procesos, química de formulación o control de calidad. Los químicos pueden optar también por realizar tareas ajenas a un laboratorio, como, por ejemplo, asuntos reguladores, propiedad intelectual (patentes) o gestión de proyectos.

En estos casos, suele requerirse cursar un máster de especialización o el doctorado. También los estudios complementarios en campos afines a la química (bioquímica, biotecnología...), o más alejados (biología, gestión de proyectos, marketing...), pueden ser muy interesantes para completar el perfil profesional. Disponer de conocimientos básicos de química nos proporcionará herramientas más sólidas para analizar de manera crítica y a la vez apreciar los fantásticos avances que están por llegar en este campo.

5.
Materiales para el cuerpo

Al hablar de química y salud solemos quedarnos con la idea de que los medicamentos y las vacunas nos ayudan a combatir las enfermedades o a prevenirlas. Sin embargo, hay un campo de la química, que, desarrollado junto con otras disciplinas, está permitiendo un gran avance en biomedicina. Se trata del desarrollo de materiales biocompatibles que se emplean a diario para corregir multitud de imperfecciones de nuestro imperfecto cuerpo humano.

Si vamos al dentista para que nos reconstruyan un diente o una muela recostados en su silla, con la boca abierta, es muy probable que escuchemos las palabras: «aplicamos el composite». E inmediatamente después viene la aplicación de una luz ultravioleta. Mientras estamos recostados, indefensos y con la bendita anestesia puesta, ¿sabemos lo que nos están haciendo?

La clave para este y otros de los avances que veremos en posteriores capítulos la tenemos en los polímeros. Cuando oímos esta palabra inmediatamente nos vienen a la cabeza los plásticos, de los que abusamos y gestionamos muchas veces de forma irresponsable. Sin embargo, los polímeros son necesarios y nos han permitido avanzar tecnológica y sanitariamente. Es decir, ¡vivimos mejor con ellos!

Un polímero es una molécula de gran tamaño formada por la repetición de varias unidades llamadas monómeros, que generalmente son moléculas de pequeño tamaño. Esta escueta definición conlleva tras de sí una gran versatilidad, ya que en función del tipo de monómero y de su repetición, el material que se obtiene puede tener propiedades muy diferentes. Además, para aumentar la riqueza estructural de estos materiales y, por tanto, sus propiedades, existe también la posibilidad de combinar diferentes monómeros o incluso diferentes polímeros o polímeros con aditivos. Esto amplia el campo de aplicaciones de estos productos a un sinfín de posibilidades, incluido su uso en biomedicina. Podemos intuir que el papel de los químicos es imprescindible en el control de todos los procesos de polimerización.

Volvamos al sillón del dentista. En esta ocasión nuestra odontóloga va a desempeñar el papel de química. Va a aplicar una sustancia de consistencia plástica, de fácil manipulación, que cambiará a un estado rígido a través de la aplicación de luz ultravioleta. Está llevando a cabo una reacción química de polimerización de monómeros en nuestra boca. ¿Sorprendidos? En esa sustancia inicial estarán los monómeros junto con algunos aditivos, y como es evidente, esas sustancias han sido previamente preparadas en un laboratorio químico especializado. Incluso antes, unos cuantos químicos han trabajado en el diseño y optimización de ese tipo de reacciones, para que, entre otras cosas, sean compatibles con el cuerpo humano. Seguimos en nuestro rostro para revisar la utilización de biomateriales. Esta vez nos quedamos en el ojo. En las correcciones oculares la química siempre ha estado presente, por ejemplo, con las lentes correctoras, pero con una gran evolución en el tipo de material. Al principio se empleaba vidrio, compuesto fundamentalmente por óxido de silicio y otros aditivos. En función de esos aditivos, las características del vidrio diferían y, por ejemplo, el vidrio *crown*, con óxido de potasio u óxido de boro, es utilizado para hacer lentes.

Sin embargo, los últimos avances en materiales han permitido obtener lentes que proporcionan diversas ventajas como son la protección ultravioleta, la resistencia al impacto, la ligereza... De esta manera se han ido imponiendo los materiales poliméricos como el policarbonato, el Trivex® o el polímero denominado CR-39 —termino referido al monómero—.[10] El policarbonato se emplea no solo en gafas de protección, también se destina a aquellas gafas, como las de los niños, en las que se requiere una mayor resistencia. Las lentes de CR-39 y Trivex® son del tipo que en óptica conocemos como de materiales orgánicos.

Como curiosidad, las gafas fotocrómicas, las que se oscurecen ante la presencia de sol, tienen un funcionamiento

---

10. El policarbonato tiene generalmente como monómero el bisfenol A, el Trivex® es un material basado en uretano y el CR-39 es un polímero a base de carbonato de alil diglicol.

basado en un equilibrio químico. Cuando incide la luz, el compuesto inicial incluido en las lentes se transforma en otro que permite que las gafas se oscurezcan. Este proceso se produce de manera reversible, por lo que cuando la intensidad de la luz cesa, el equilibrio vuelve al compuesto inicial y, por tanto, las lentes se aclaran. ¿Magia? No, pura química. La tarea de los químicos tiene en este punto dos vertientes bien definidas. Por un lado, está el trabajo de investigación, tanto básica como aplicada, en academia y en empresa, para descubrir y entender los fundamentos. Por otro lado, el trabajo de desarrollo y producción de estos materiales en gran escala, que se realiza de forma interdisciplinar con ópticos y oftalmólogos.

Otro ejemplo destacado en el diseño de biomateriales es el desarrollo y comercialización de las lentes de contacto. Los polímeros vuelven a estar presentes en la fabricación de estas lentes. Las lentes rígidas empezaron a hacerse de polimetilmetacrilato,[11] pero tienen el inconveniente de ser poco permeables al oxígeno. Por ello, se introdujeron modificaciones como añadir siloxano o fluorosiloxano en su estructura para obtener mayor permeabilidad del gas. Por otro lado, las lentes de contacto flexibles de hidrogel se han desarrollado a partir de polímeros de hidroxietilmetacrilato,[12]

---

11. Es uno de los polímeros más conocidos. El monómero de partida es el metil metacrilato.

12. Es un monómero parecido al metil metacrilato, pero con un grupo hidroxilo que le confiere propiedades diferentes.

que permite permeabilidad, hidratación, adaptación y comodidad.

El diseño de biomateriales avanza no solo para sustituir o reparar las zonas dañadas del cuerpo, sino que también se pretende que sean funcionales aportando información adicional sobre el estado del cuerpo. Un ejemplo lo tenemos en las lentes de contacto, que pueden incorporar sensores para la medición de la glucosa en personas con diabetes. El desarrollo de la química de materiales, la química analítica y la física con sensores cada vez más pequeños está permitiendo grandes avances en este campo.

Muchos de estos materiales fueron desarrollados desde la investigación básica, para otros fines, pero se han sabido aprovechar para estos avances biomédicos tan significativos. Los nuevos materiales, tanto orgánicos como inorgánicos, han permitido, por ejemplo, el diseño de prótesis. Las prótesis son piezas artificiales que reemplazan una parte dañada del cuerpo. Las prótesis más conocidas, y también de las que más operaciones se realizan, son las de cadera.

Los diferentes materiales que se han ido empleando han evolucionado para permitir que una prótesis de elevada complejidad y que implica un movimiento articular constante, sea operativa durante muchos años. De hecho, en este punto hay campos de estudio que están emergiendo con fuerza como la bioingeniería, incluso titulaciones que combinan estos estudios con la química.

Para emular la función de la cadera es necesario emplear varios tipos de materiales en función de la parte de la pieza y del contacto que esta tenga con el cuerpo. Así, la combinación de biomateriales poliméricos, metálicos y cerámicos se vuelve crucial. Dentro de los biomateriales poliméricos destaca el conocido polietileno,[13] que se puede emplear para la unión entre las partes metálicas y cerámicas. Los materiales metálicos, pensados para las partes que precisan soportar una gran carga, suelen consistir en aleaciones de cobalto y cromo o de titanio, aluminio y vanadio. Por último, los materiales cerámicos como alúmina (óxido de aluminio) o zirconia (óxido de zirconio), se emplean también para la parte de la cabeza femoral. Otros materiales que se suelen utilizar son los que posibilitan la fijación, como los cementos, generalmente material polimérico de polimetilmetacrilato, y la hidroxiapatita.

Como vemos en esta muestra de diferentes biomateriales y sus variados usos, el trabajo para su obtención depende de diferentes áreas de la química (orgánica, inorgánica, analítica, química física, ingeniería química) y de disciplinas fronteras con la química. La industria que se dedica al desarrollo y producción de estos materiales la constituyen empresas relacionadas con el campo de los polímeros y también empresas específicas, como, por ejemplo, las de las lentes oculares.

Los químicos desempeñan un papel predominante en la producción de biomateriales para diseñar y sintetizar mate-

---

13. Es el polímero más simple y se obtiene por la polimerización del etileno. En función de su preparación las propiedades de este polímero pueden ser muy diversas.

riales con características físicas interesantes o potencialmente útiles, siempre teniendo en cuenta la función que van a cumplir, la biocompatibilidad, la durabilidad, etcétera.

Una vez comercializado un material, los químicos de materiales suelen ayudar a adaptarlo a sus necesidades concretas o a ajustar las propiedades del material para crear materiales a medida, o incluso totalmente nuevos, con propiedades específicas para usos concretos.

Cuando los campos de trabajo son tan interdisciplinares, con el tiempo, los químicos de biomateriales pueden optar por dedicarse a campos «adyacentes a la química», como la gestión de proyectos o la mejora de procesos. Estos ámbitos les brindan la oportunidad de aplicar sus conocimientos químicos, al tiempo que pueden asumir responsabilidades de gestión o empresariales. Esta circunstancia se extiende a otros muchos campos de la química.

6.
Polímeros:
una evolución responsable

—¡Papá! —La voz y el tono de Claudia presagiaban que lo siguiente que diría me haría dar un pequeño respingo y despertar, aún más, mi atención—. Tengo que hacer un trabajo para el insti y he pensado abordar el tema de la contaminación de los plásticos. ¿Qué te parece?

Levanté las cejas. Casi sabía mi respuesta y su pregunta era un medio para que le prestara toda la atención, y para, también, hacerme rabiar.

—Tranquilo, papá, que no voy a demonizar el uso de los plásticos. Voy a centrar mi exposición en el mal uso que hacemos de ellos.

—Si me dejas darte una idea, puedes tratar el tema de los residuos plásticos en el mar, pero...

—Sí, no te preocupes que también voy a explicar lo necesarios que son todos los tipos de polímeros.

—Recuerda que los plásticos son un tipo de polímeros que puede ser moldeado fácilmente. Sin embargo, este término se ha extendido a muchos polímeros. Una buena aproximación para comprender la utilidad de los polímeros y hacerla accesible a chicas y chicos de tu edad es la impresión 3D.

—¿La impresión 3D? Seguro que todos en clase lo considerarán un tema interesante, pero no veo la conexión.

Las impresoras 3D se han popularizado en los últimos años dado que permiten la creación de objetos tridimensionales a partir de un diseño hecho por ordenador. La versatilidad de esta herramienta hace que pueda tener una finalidad tanto profesional como doméstica. Por ejemplo, en el movimiento *maker* los usuarios crean sus propios objetos adaptados.

¿Dónde interviene aquí la química?, pues en el material con el que se hacen los objetos. De hecho, la evolución, optimización y creciente gama de este tipo de materiales es una de las claves en el éxito de las impresoras 3D. Aunque existen diversos tipos de impresoras, incluso las que utilizan reacciones de fotopolimerización —como la que vimos en el composite de los dentistas—, las más extendidas son las de modelado por deposición fundida (FDM). En estas se pueden utilizar diversos materiales ya polimerizados, como el denominado ABS, que corresponde a un polímero de acrilonitrilo, butadieno y estireno, y otro más sencillo, que en ciertas condiciones puede ser biodegradable, como el PLA (siglas del inglés *polylactic acid*), cuyo monómero es el ácido poliláctico.

El método de estereolitografía (SLA) utiliza el principio de fotopolimerización para crear los objetos tridimensionales a partir de resinas sensibles a los rayos ultravioleta. Las resinas son en realidad una mezcla de compuestos que polimerizarán, generalmente acrilatos y dimetacrilato de uretano, junto con un fotoiniciador (molécula que permite iniciar la polimerización al incidir los rayos ultravioleta), y un pigmento que aporta el color correspondiente.

Otro de los métodos de impresión en 3D es el de sinterizado selectivo por láser (SLS). En esta ocasión, se emplea un láser de alta potencia para calentar y fusionar el material en polvo, que suele ser un derivado del nailon[14] o incluso un metal como titanio, acero inoxidable, aluminio, etcétera. Y esto es solo una parte de la variedad de materiales, tanto monómeros como polímeros, fotoiniciadores, pigmentos, aditivos... que se pueden emplear en esta moderna tecnología.

—Vale, papá, creo que me lo has dejado claro... Algo me ayudará para la presentación. ¡Gracias!

Realmente la historia de éxito de las reacciones de polimerización y el empleo de los materiales obtenidos de estos procesos tiene poco más de un siglo, aunque la modificación de polímeros naturales ya se había producido con anterioridad. Así, Charles Goodyear descubrió en 1839 que el caucho natural podía endurecerse con azufre. Posteriormente, el químico británico Alexander Parkes, partiendo de nitrocelulosa y alcanfor, creó un material, la parkesina, que fue

---

14. El nailon es una poliamida y por su fama, y multitud de aplicaciones, hablaré de él más extensamente en capítulos posteriores.

la primera versión de lo que posteriormente se conocería como celuloide.

Ahora bien, no fue hasta 1907 cuando se logró obtener el primer plástico completamente sintético. A partir de fenol y formaldehído, Leo Baekeland obtuvo este producto, al que se le dio el nombre de «baquelita» en su honor. Pero el establecimiento de la química de polímeros como área científica lo podemos datar en 1920, gracias a los estudios prácticos y teóricos del químico alemán Hermann Staudinger. Este hito fue complementado por el intenso trabajo experimental de Wallace Carothers, quien a lo largo de su carrera en la empresa química DuPont desarrolló polímeros tan importantes como el neopreno[15] o el nailon.

Como vemos, tanto los químicos académicos como los industriales han estado históricamente involucrados en los procesos de obtención de los plásticos. Nuevamente, la combinación de la investigación más básica con la posterior aplicación de esta ha permitido un extraordinario avance de este campo en los siglos xx y xxi.

Junto con los polímeros mencionados más arriba, seguramente nos sonarán otros muchos con gran número de aplicaciones y que conocemos por sus siglas o sus marcas. Por ejemplo, seguro que nos resulta familiar el PVC (cloruro de polivinilo), cuyas siglas provienen del inglés (*polyvinyl chloride*), que es muy utilizado como aislante y para la fa-

---

15. En este polímero el monómero es el cloropreno. Da nombre a las prendas de buceo hechas con esté material.

bricación de tuberías industriales. También seguro que nos es reconocible el Teflón®, que es una marca registrada, cuyo término se ha popularizado como polímero resistente al calor y a la corrosión.[16] El Teflón® es politetrafluoroetileno y muchas de sus características vienen proporcionadas por la presencia del flúor en su estructura. La principal propiedad es su poder antiadherente, y su desarrollo fue impulsado, como en otras numerosas ocasiones: por una guerra. En este caso, fue la Segunda Guerra Mundial, y nada más y nada menos que dentro del proyecto Manhattan. Otro plástico que resulta familiar es el Kevlar®, obtenido por la química Stephanie Kwolek, que se utiliza en chalecos antibalas por su alta resistencia. El polietileno, del que ya hemos hablado, es otro de los plásticos más utilizados. Se caracteriza por su versatilidad en cuanto a propiedades en función del tipo de estructura con la que se puede sintetizar. Un mismo polímero, con la repetición de las mismas unidades de monómero, pero con una distribución lineal o ramificada, puede alterar drásticamente las propiedades del material.

El trabajo de los químicos es, pues, muy amplio en este sector. Igual que en otras industrias la composición química altera, a veces drásticamente, las propiedades, y, por tanto, el trabajo conjunto con ingenieros de producto es esencial. Además, este sector en el que hemos visto la necesaria sostenibilidad para el cuidado del medioambiente es más sensible

---

16. De hecho, la palabra *teflón* ya aparece en el Diccionario de la Real Academia Española.

al reciclado de los materiales y también al empleo de procesos que no impliquen sustancias dañinas para el entorno. Cambiar átomos o grupos de átomos, partir de otros reactivos, nuevos procesos de elaboración... todos ellos son objetivos que un químico de materiales debe tener muy presente. Es además en este sector donde se resalta la necesidad de preservar el medioambiente, al existir una mayor sensibilidad hacia el reciclaje de materiales y la adopción de procesos que minimicen el uso de sustancias perjudiciales para el entorno. La utilización de diferentes reactivos más baratos y sostenibles y el desarrollo de nuevos métodos de elaboración son metas que un químico de materiales debe tener siempre en mente.

En este sentido, uno de los avances de los últimos años es el diseño de bioplásticos y plásticos biodegradables. Los bioplásticos son derivados de materiales orgánicos renovables como almidón de maíz, grasa vegetal o fécula de patata. En ciertas condiciones pueden ser biodegradables, como, por ejemplo, el mencionado anteriormente ácido poliláctico. El problema de este tipo de plásticos es que habría que dedicar mucha extensión agrícola para su producción. Como curiosidad, y en conexión entre la química y la biotecnología, tenemos los polihidroxialcanoatos (PHA). Son plásticos producidos por la fermentación bacteriana de azúcares y lípidos en un medio en el que las bacterias están privadas de otros nutrientes. Esta conexión con la biotecnología también ha entrado en el campo de la degradación de plásticos habituales como el PET (tereftalato de polietileno), cuyas siglas provienen del inglés *polyethylene terephthalate*, al descubrir que la bacteria *Ideonella sakaiensis* puede degradarlo en condiciones específicas.

En los últimos años, la búsqueda de nuevos materiales ha estado también orientada a encontrar en ellos nuevas e interesantes propiedades. Tal vez uno de los materiales más destacados en este sentido es el grafeno. Uno de los hitos en la historia de este material es la concesión del Premio Nobel en Física de 2010 a los descubridores de algunas de sus interesantes propiedades. El grafeno es una de las muchas formas en las que se nos puede presentar el carbono. En esta ocasión, se dispone en una lámina de un átomo de espesor con un entramado hexagonal. Cuando un lápiz de grafito escribe sobre el papel, deja varias de estas capas que se pueden llegar a aislar con los procedimientos adecuados. Este material, a diferencia del grafito, es extremadamente resistente, flexible, elástico y con gran conductividad térmica y eléctrica.

El campo de los polímeros y de los materiales es fascinante para el quehacer de un químico, ya que trabaja con aplicaciones directas de lo más variado y, como hemos visto, con la imprescindible relación con biotecnólogos, físicos o ingenieros. No obstante, el cuidado del medioambiente conlleva que los nuevos polímeros y sus aplicaciones deban ser totalmente respetuosos con nuestro entorno. A pesar de ello, los plásticos juegan un papel crucial en el desarrollo de nuestra sociedad. Al imaginar un mundo sin ellos, nos veríamos privados de muchos de los materiales que utilizamos cotidianamente, desde sillas, ropa, coches, etcétera, hasta teléfonos móviles. ¿Podemos concebir una campaña de vacunación como la de la covid-19 sin jeringas de plástico?

7.

Higiene y limpieza: una visión desde la química

Hablando de la pandemia, una de las primeras medidas tomadas para intentar frenar la covid-19, antes de que quedara de manifiesto la importancia de la propagación aérea, fue el lavado de manos. El jabón funciona con los virus al igual que con la grasa. El componente activo del jabón es un tensioactivo que tiene una parte hidrófoba —que huye del agua— y otra hidrófila —amiga del agua—, y es capaz de envolver la membrana del virus o de la grasa, por la parte hidrófoba, y dejar expuesta la parte de la molécula hidrófila, que puede ser arrastrada por el agua.

Lavarnos las manos con jabón es un acto que hacemos repetidamente todos los días. Algo tan cotidiano que me da pie, en mis clases de la universidad sobre la experiencia, a hacer la siguiente reflexión:

—Lo hacéis todos los días, pero ¿sabéis por qué y cómo limpia el jabón?

—Pues… no. —Es la respuesta mayoritaria.

—¡Pues yo he fabricado jabón en casa! —dice alguno.

Elaborar jabón es relativamente sencillo y es uno de los procesos químicos más antiguo que se conocen; se han hallado descripciones grabadas en tablillas de arcilla que datan de 2500 a. C. En 1807, apareció uno de los primeros jabones comerciales: el jabón transparente Pears, y fue el comienzo de una industria muy lucrativa.

El jabón es fácil de elaborar en casa, como bien dicen mis estudiantes de la universidad de la experiencia, con precauciones. Solo es necesario tener un álcali,[17] generalmente hidróxido de sodio o de potasio, y un lípido, o sea, una grasa. La reacción que tiene lugar se denomina «saponificación», y las materias primas de grasa pueden variar mucho.

Existen muchas empresas multinacionales dedicadas a la producción de todo tipo de jabones, pero también negocios más pequeños, casi artesanales, de fabricación del producto. Como toda reacción química, su control y modificación requiere la intervención de profesionales de la química.

Antes de profundizar en las múltiples ramificaciones de este tipo de industria es conveniente conocer cuándo la humanidad empezó a preocuparse por la higiene. Y no, no hace mucho tiempo de eso. En 1847, Ignaz Semmekweis, inició un estricto protocolo de limpieza de manos antes de que los médicos atendieran los partos. La limpieza, en esta ocasión con hipoclorito de sodio en agua, se mostró muy efectiva y redujo la mortalidad de las parturientas. Aunque hoy nos

---

17. Un álcali es una sustancia que tiene propiedades alcalinas, es decir, básicas. En casa, por ejemplo, lo solemos tener como producto de limpieza.

parezca una barbaridad, en numerosas ocasiones, los médicos que atendían un parto lo hacían después de haber estado diseccionando cadáveres, y lo hacían sin desinfectarse. En aquel momento, se desconocía la transmisión de enfermedades por microorganismos y, por tanto, la forma efectiva de combatir las infecciones.

El siglo XIX fue el inicio de la producción industrial de jabón y de la toma de conciencia de la importancia de la limpieza y la desinfección. Con formación en química podrás entender y trabajar en esta industria, que explora una amplia gama de campos, como la producción de jabones, detergentes, desinfectantes, productos de limpieza industrial... como veremos a continuación.

Empezando por el jabón de manos, que, aunque hemos visto, involucra un proceso simple de fabricación, la alta gama de productos disponibles en el mercado se debe tanto a las distintas formas de llevar a cabo el proceso, como a los diferentes aditivos empleados. En este punto, es necesario comentar la diferencia entre jabones de manos y geles de ducha. No solo el estado físico es diferente, uno sólido y otro líquido, sino también sus componentes. Por lo general, el jabón de manos se obtiene a partir de la reacción entre aceites e hidróxido de sodio, y para la fabricación de gel de ducha se emplean sales de sulfatos de cadenas carbonadas largas. Además, incorporan aditivos que le van a dar características especiales como la transparencia, el brillo y, por supuesto, la fragancia. También hay diferencias con el llamado *detergente*, ya que este es un término más amplio y también de carácter industrial para referirse a otras moléculas tensioactivas como las sales de ácidos sulfónicos, que generalmente parten de productos sintéticos. En todos los casos en su fabricación están presentes las reacciones químicas.

Un aspecto importante en los jabones, geles de ducha, champús... es que al ser productos que tienen un contacto directo con la piel deben ser lo menos agresivos posible. Una de las propiedades que incluso viene resaltada en las etiquetas de estos productos de higiene es el pH. Ese concepto químico con el que algunos estudiantes tienen pesadillas no es ni más ni menos que una medida de acidez o alcalinidad. En una escala, generalmente expresada del 1 al 14, los extremos son las especies más ácidas y básicas respecto al famoso pH neutro que es el 7. El pH de la piel es ligeramente ácido y, por ello, los geles de ducha suelen acercarse más a valores de 5 o 5,5, evitando el pH neutro. El jabón de manos, por ejemplo, suele tener un pH más básico y, por ello, no es tan recomendable para aplicarlo a todo el cuerpo.

Estas características son importantes y deben estar controladas en la fabricación de los productos. En este sentido, el conocimiento químico de las sustancias involucradas y las posibles variaciones en los procesos y los diversos aditivos son fundamentales para la obtención del jabón o detergente con las propiedades adecuadas.

Ya nos hemos limpiado el cuerpo, pero ¿por qué no utilizamos el mismo detergente para lavar la ropa? Es obvio que las necesidades y condiciones en las que podemos lavar el cuerpo o la ropa, que está hecha de diversos tejidos, son diferentes. Por eso, desde la química, se pueden dar soluciones para que el lavado de la ropa sea más efectivo.

Estos detergentes precisan de una mayor variedad de tensioactivos para diferentes condiciones de acidez, basicidad o tipo de suciedad, e incluyen, por ejemplo, alcoholes con largas cadenas de carbono.[18] También pueden contener secuestrantes de metales para contrarrestar la dureza del agua —si contiene, por ejemplo, mucho calcio—, incluso enzimas, proteínas con funciones específicas en los organismos que son capaces de romper moléculas de grasa o almidón.

Si utilizamos las famosas cápsulas que se introducen en la lavadora directamente, añadimos un componente más al producto: el de la bolsita externa. Es un polímero que se disuelve en agua y que suele estar hecho de alcohol polivinílico. Cada componente tiene una misión y en ocasiones la obtención del más apropiado, tanto con respecto al funcionamiento como a la seguridad, ha llevado y lleva años de trabajo de los profesionales de la química.

Y, ¿qué ocurre con el detergente para la vajilla? Dado que lo que queremos lavar no es tan delicado como nuestro cuerpo o nuestra ropa y además la suciedad puede estar más adherida, se pueden emplear condiciones más exigentes, es decir, compuestos químicos un poco más agresivos, que por

---

18. Como vemos, los tensioactivos siempre tienen una parte hidrófoba, generalmente una cadena de varios átomos de carbono con sus hidrógenos correspondientes, y una parte hidrófila, que suele ser un ácido, una sal, un alcohol... un grupo que denominamos polar.

ejemplo aumenten el pH (más básico) o incluso utilizar lejía. Ya ves, intercambiar los detergentes de manos, de cuerpo, de ropa o de vajilla, ¡no es una buena idea!

Si lo que queremos ahora es limpiar o desinfectar, por ejemplo, una mesa, una encimera o un baño, los productos que utilizaremos dependerán del tipo de superficie. Generalmente podremos emplear compuestos más potentes para que la limpieza sea más efectiva. Aquí, incluso podemos utilizar, sobre todo en baños y cocina, compuestos químicos muy agresivos como el amoníaco, la lejía, el ácido clorhídrico o el hidróxido de sodio. Con todos, mucho cuidado y sobre todo ¡no hay que mezclarlos!

Como vemos tenemos en casa un auténtico laboratorio químico y, como en cualquier actividad que requiera la manipulación de compuestos con cierto riesgo, es conveniente saber los que tenemos entre manos para poder trabajar con seguridad, aunque no seamos químicos.

Dentro de este capítulo la higiene dental merece ser comentada de forma más detallada. La famosa pasta de dientes tiene, como en los anteriores productos, una composición adecuada a la superficie que se quiere limpiar. Además, con el añadido de tener compuestos que pueden beneficiar y reforzar la salud bucodental. Así, por ejemplo, tenemos dos componentes muy diferenciales con respecto a lo que hemos visto con anterioridad; el flúor, en forma de fluoruro de sodio, y la hidroxiapatita, componente de dientes y huesos.

Cuando hablamos de flúor como elemento químico —y si buscamos por internet, más— enseguida lo asociamos a una sustancia perjudicial. Y es cierto, la molécula de flúor es un gas peligroso. Es más, si buscamos sodio en internet, veremos seguramente vídeos que demuestran su peligrosidad. Sin embargo —y esto es algo que sabemos muy bien los químicos—, la combinación de flúor y sodio se produce con la ganancia de un electrón por parte del flúor y la pérdida de este por parte del sodio. Así obtenemos fluoruro de sodio, un compuesto con unas propiedades muy diferentes. Este fluoruro es capaz de prevenir el deterioro dental ayudando a fortalecer el esmalte dental y a prevenir las caries, pero es que además está dosificado en muy pequeña cantidad en la pasta dentífrica. Hay otra máxima en química y es que la toxicidad de cualquier compuesto se atribuye tanto a su estructura como a su concentración.

Como hemos visto, algo que parece sencillo como la higiene encierra una sofisticada tecnología e investigación química para que cada producto se adapte a su propósito. Por eso es tan importante en química y, por tanto, para los químicos, el estudio de la composición y estructura de la materia. De ello depende su función.

8.
Agua: la molécula imprescindible

Si hay una fórmula química reconocible es la del agua: H_2O. Es tan conocida que probablemente ni se asocie con la química que se estudia en secundaria. Sin embargo, el agua es la molécula clave en los procesos químicos que nos permiten vivir en el planeta Tierra. Basta recordar que nosotros somos un 70 % agua para hacernos una idea de la importancia vital, nunca mejor dicho, de esta molécula.

Pero, de toda el agua que hay en el planeta, menos del 3 % del total es dulce; toda el agua restante es salada. Del agua dulce, cerca del 75 % está en estado sólido en las regiones polares y el 22 % en estado líquido, pero como agua subterránea. En ríos, lagos y humedales solo tenemos un 0,3 % del agua dulce. Con esta cantidad limitada de agua dulce debemos cubrir las necesidades agrarias, ganaderas y, por supuesto, de consumo.

En pleno siglo xxi, en los países desarrollados, asumimos que el agua de consumo que nos llega al abrir el grifo está convenientemente tratada para que la podamos consumir. Sin embargo, el proceso de potabilización tiene poco más de cien años. La lista de enfermedades transmitidas por el agua asusta y podría formar parte del guion de una serie apocalíptica: diarrea, disentería, cólera, paludismo, poliomielitis, tifus... son solo alguna de ellas. Pero hay otro dato que sorprende: de toda el agua disponible en el mundo, y del que ya hemos destacado ese pequeño porcentaje de agua dulce y líquida, solo el 0,007 % es agua potable y apta para el consumo humano. El problema de acceso a agua potable afecta a miles de millones de personas en el mundo y, por ello, es uno de los Objetivos de Desarrollo Sostenible en la agenda de la ONU para el año 2030, en concreto el 6: Agua limpia y saneamiento.

¿Qué tiene que suceder para que cuando abramos el grifo tengamos agua potable? La historia de la potabilización del agua es una de las grandes historias de éxito de la humanidad y la química tiene en ella un papel crucial. En este punto adquiere especial protagonismo un elemento de la tabla periódica: el cloro. Aunque ya se empezó a conocer anteriormente el papel del cloro en la desinfección del agua, no fue hasta principios del siglo XX cuando se estandarizó el proceso de tratamiento con hipoclorito de calcio y a través de plantas de cloración específicas. El hipoclorito de calcio, o también de sodio, permite generar el cloro gas *in situ*, que es una opción más adecuada que utilizar directamente cloro gas. La cloración es uno de los últimos pasos de la potabilización después de, por ejemplo, coagulación (o agregación), filtración, sedimentación y eliminación de la mayor parte de los componentes orgánicos.

No obstante, también se están desarrollando otros métodos de desinfección, aunque de momento no pueden competir, bien por razones de coste o porque con el paso del tiempo pierden el poder desinfectante. Estamos hablando, por ejemplo, del empleo del ozono o de la luz ultravioleta. Además, se están explorando procesos más simples que podrían emplearse en países en desarrollo, como la potabilización mediante fotocatálisis.

Como curiosidad, hay países que sustituyen el cloro por otro elemento, el flúor. Con esta desinfección se pretende conseguir un doble objetivo: por un lado, la potabilización del agua, y por otro, la protección dental. Sin embargo, con este procedimiento es más difícil el control del consumo de las cantidades de flúor recomendadas.

Vemos que la potabilización del agua supone un proceso más complejo de lo que podríamos inicialmente pensar y que involucra varios campos de la ciencia, como la biología, la química y la ingeniería. Se calcula que desde 1919, la cloración del agua ha salvado ciento setenta y siete millones de vidas.[19] Razón, más que suficiente, para amar la química.

El ciclo del agua no termina aquí. ¿Qué pasa con ella una vez que se ha utilizado? Tanto en consumo doméstico como en consumo agrario e industrial, el agua utilizada vuelve a tener contaminantes que dañan el medioambiente. Por tanto, es necesario un proceso para que toda el agua empleada

---

19. https://www.scienceheroes.com/

en los diversos usos se pueda reutilizar o revertir a los ríos y mares.

Este proceso se denomina «depuración» y el tratamiento específico del agua va a depender del uso que se le haya dado previamente y del destino que vaya a tener. Nuevamente, procedimientos fisicoquímicos van a permitir la purificación necesaria de las aguas residuales. En esta ocasión, se presta incluso atención a los gases producidos en la digestión de los fangos. Para la desinfección, al no precisar una protección a lo largo de la red de distribución, métodos como la luz ultravioleta están más extendidos.[20] En los últimos años, las plantas de tratamiento de las aguas residuales se han convertido también en centinelas de posibles epidemias o afecciones, como ha sucedido con la covid-19.

Mención aparte merece la depuración de aguas industriales, para las que hay una vigilancia y una normativa específicas. Es evidente que, en función del tipo de industria, el manejo y el tratamiento de sus aguas de desecho tiene que ser diferente. Esta circunstancia es extensible tanto para industrias grandes como pequeñas. Esta necesidad ha dado lugar a que aparezcan empresas especializadas dedicadas a asesorar y asistir en este campo al pequeño y mediano industrial.

La potabilización y depuración son dos procesos esenciales para garantizar la calidad del agua. Sin embargo, en ve-

---

20. En la potabilización mediante luz ultravioleta, si existe contaminación microbiológica, más allá del punto de desinfección, el agua no estará protegida por la desinfección inicial con esta luz.

rano empleamos el agua para mucho más que hidratarnos y ducharnos. Por ejemplo, las piscinas ocupan un lugar central en esta época del año. Son recintos por los que pasan muchas personas y, como no puede ser de otra manera, también requieren una desinfección y un control constante de sus aguas. ¿Es necesario tratar el agua de las piscinas? Solo hace falta ver cómo queda una piscina en invierno a las pocas semanas de no realizar ningún tratamiento en ella. Ahora bien, el tratamiento del agua de piscina es distinto al descrito anteriormente. No hay opción, por ejemplo, para el uso de cloro gas y fundamentalmente se emplea el hipoclorito de sodio. También, por otra parte, se incorporan floculantes: agentes químicos que permiten que las partículas pequeñas se agrupen y puedan ser eliminadas con mayor facilidad. Para llevar a cabo este proceso, comúnmente se utilizan derivados de aluminio, como el sulfato de aluminio o el cloruro de aluminio.

En el caso de las piscinas, el tratamiento con derivados de cloro tiene un inconveniente añadido: la reacción de este con la materia orgánica generada por el propio bañista (suciedad, sudor, orina…). Este proceso produce unos compuestos llamados «cloraminas», de un olor intenso y no muy recomendables en altas concentraciones.

Para limitar estos compuestos se puede aplicar la desinfección mediante luz ultravioleta o utilizar derivados de bromo; así, además, se disminuye la cantidad de compuestos de cloro. En el caso de los derivados de bromo también se generan subproductos al interaccionar con la contaminación del agua, las bromoaminas, pero de un olor menos intenso que las cloroaminas.

Todos los parámetros, para piscinas de centros recreativos y para piscinas comunitarias y privadas, están perfectamente regulados en normativas como el real decreto que aparece en el *BOE* que marca los niveles de pH, cloro residual, bromo total y microorganismos nocivos. Como vemos, ¡una piscina está llena de agua y de química para protegernos! Hemos comentado al principio que solo el 3 % del agua de la Tierra es dulce. Por ello, uno de los campos de trabajo para la obtención de agua de consumo es la desalación del agua de mar. Sin embargo, ahora mismo estos procesos generan un gran coste de energía y un problema de gestión de los residuos. El principal método para la obtención de agua potable a partir de agua salobre es mediante ósmosis inversa.[21] Aunque el proceso es físico, la química, y el trabajo de los químicos, está presente en los materiales utilizados, en los procesos intermedios (filtración, desinfección...) y en los análisis del agua resultante. Uno de los pasos intermedios en este proceso es la remineralización del agua. La ósmosis inversa permite separar aquello que no queremos, pero tam-

---

21. La ósmosis es un fenómeno de difusión (movimiento de moléculas) que ocurre cuando existen dos disoluciones, separadas por una membrana semipermeable, con diferentes concentraciones de soluto. Las membranas celulares se comportan como esa membrana semipermeable permitiendo esté fenómeno en los seres vivos. En la ósmosis inversa se aplica una presión externa para invertir el flujo natural del disolvente. De esta forma, un agua concentrada en sal, como la del mar, el agua pasa desde la disolución más concentrada a la menos concentrada.

bién nos quedamos sin los minerales necesarios para tener el agua apropiada para el consumo. Así, hay que añadir elementos químicos en forma de sus sales correspondientes. El agua resultante será analizada para comprobar su composición, como sucede también con las aguas minerales naturales o de manantial. Estas aguas, de origen subterráneo, suelen comercializarse comúnmente presentadas en formato de botella de diferentes volúmenes. ¿Sabías que solo en España hay más de ciento setenta marcas de agua embotellada? El análisis químico del agua mineral con los componentes que tiene (sodio, calcio, magnesio...) es un dato que tenemos accesible en cualquier supermercado. Basta con ver una botella para leer la composición química del agua. Los datos del componente correspondiente vienen dados en mg/L. Realmente cuando pone la composición en, por ejemplo, sodio, no quiere decir que sea sodio elemental, sino el catión sodio. Estos datos son proporcionados por un laboratorio de referencia y en función de sus contenidos, y tal y como también se indica en el *BOE*, podremos tener aguas altas en sodio, aguas carbonatadas...

Es cierto que en algunas regiones el agua del grifo no sabe todo lo agradable que quisiéramos y a veces tampoco es la indicada para determinadas dietas, pero, por lo general, el agua del grifo, esa que viene de las plantas potabilizadoras, tiene una gran calidad, una inmejorable garantía de seguridad y es la forma más sostenible y barata de consumir agua.

Los químicos que trabajan con este líquido imprescindible para la vida se ocupan de analizar y mantener la calidad y el estado del agua, de desarrollar los métodos y productos de potabilización y depuración. Pueden trabajar en un laboratorio de producción, en un laboratorio de análisis o en la revisión de datos de aguas procedentes de diferentes ecosistemas, y también tanto en la administración pública, como en empresas de gestión medioambiental del sector privado. En este caso, la conexión de la química con otras disciplinas científicas es imprescindible para tener el agua de calidad apropiada para cada uso.

9.
Tu deporte favorito: mejor con química

Cuando hablamos de química y deporte no es raro que con frecuencia, y de forma automática, nos venga a la cabeza el tema del dopaje, es decir, el uso de sustancias no permitidas para mejorar el rendimiento deportivo. Es lo primero que piensan mis estudiantes cuando toco este asunto en las clases de Didáctica de Física y Química en el grado en Educación Primaria.

Es cierto que el dopaje está presente en el deporte y que, por ejemplo, los sistemas analíticos para detectar compuestos se han vuelto cada vez más sensibles. Si hay alguna traza de un compuesto exógeno, es decir, no generado en nuestro cuerpo, los sistemas analíticos lo detectan. Pero no es menos cierto que, como vimos en el capítulo 3, nuestro cuerpo es pura química y la forma en la que obtenemos energía es a través de la ruptura de enlaces químicos. Por eso, la nutrición es tan importante en el deporte.

La nutrición no es la única presencia de la química en el deporte, como vamos a ver en este capítulo. Lo que un químico puede hacer por ti en el deporte es mucho más de lo que imaginas.

Cuando nos plantamos delante de la tele o de la tableta a ver una etapa del Tour de Francia, sabemos que los comentaristas están horas narrando la carrera. Hay mucho tiempo en el que no ocurre nada reseñable y hablan de otros temas relacionados con el ciclismo, como, por ejemplo, del peso de las bicicletas. Restar unos gramos a la bici es importante para subir lo más ligero posible. Hay tal obsesión, que hasta la normativa pone un peso mínimo, de seguridad, para que las marcas no se excedan reduciendo gramos. ¿Cómo se consigue aligerar el peso de una bici y mantener su resistencia estructural? Seguro que estás pensando lo correcto: variando los materiales. Ya vimos en el capítulo 6 el impresionante desarrollo que ha tenido este campo de la ciencia y su aplicación al deporte lo demuestra.

Tal vez el primer gran cambio tecnológico en el deporte de las bicis vino en 1887 con la aparición en serie de las cámaras de aire, fabricadas a base de goma, gracias a la contribución de John Dunlop. La amortiguación de tener un colchón de aire entre las ruedas y el suelo fue clave, especialmente en aquellas carreteras y caminos de finales del siglo XIX.

No obstante, la carrera por disminuir el peso manteniendo la resistencia ha sido impulsada por el material del cuadro. El primer material con el que se hizo una bicicleta fue carbono, concretamente, de madera. Siguieron materiales como el acero, aleaciones de cromo y molibdeno, aluminio y titanio. Para volver a otro material de carbono, esta vez, la fibra de carbono. ¿Pero qué es este material? ¿Es como el grafeno? Los átomos que componen ambos materiales son carbono. Sin embargo, ya sabemos que el grafito de un lápiz y el diamante también son carbono y sus propiedades son muy diferentes. La fibra de carbono es un material sintético similar al grafito, pero con un ordenamiento poco uniforme, lo que en química se denomina «amorfo». Esto le confiere unas propiedades de resistencia y ligereza ideales para, por ejemplo, construir el cuadro de una bicicleta. La forma de acceder a la fibra de carbono[22] depende de los componentes iniciales y del proceso, donde, como puedes imaginar, la química tiene mucho que decir.

Cuando un deporte se basa en el contacto con una superficie para desarrollar una gran velocidad y un adecuado control, el material cobra una importancia muy relevante. En el esquí, el contacto entre la nieve y los esquís depende del material de estos últimos. Este material también ha ido cambiado a lo largo de los años; empezó siendo una combinación de madera y metal, y ahora es una combinación de plásticos como poliuretano, polietileno o diferentes poliaramidas, como el ya mencionado Kevlar®. Resistencia, ligereza y, en este caso, materiales que deslicen sobre la nieve son las propiedades que se buscan.

---

22. La fibra de carbono se puede producir a partir de determinados polímeros, como, por ejemplo, el poliacrilonitrilo. Después de diferentes etapas que incluyen oxidaciones, carbonizaciones y altas temperaturas, se obtiene la fibra de carbono.

Un deslizamiento más rápido en el agua líquida es lo que pretendían conseguir unos bañadores de cuerpo entero que se popularizaron en competición a finales de la primera década del siglo xx. Primero añadiendo paneles de poliuretano en las zonas del cuerpo que producen mayor resistencia y luego, en esta «guerra de bañadores», utilizando el poliuretano en todo el bañador. En los Campeonatos del Mundo de Natación celebrados en Roma en 2009, se batieron nada más y nada menos que cuarenta y tres récords. Hay estudios que estiman en hasta un 5 % el aumento de rendimiento para los nadadores que llevaban esa prenda. ¿Era dopaje tecnológico utilizar unas prendas de poliuretano? Al final, los organismos reguladores, la FINA[23] en este caso, prohibió estos bañadores en competición. ¿Por qué estos bañadores lograban su objetivo? Las fibras de poliuretano tienen una propiedad de la que ya hemos hablado, son hidrófobas, repelen el agua, y, por tanto, generan menor resistencia al nadar. Si a eso le unimos estudios físicos de dinámica de fluidos y anatómicos, tenemos el «mágico» resultado final.

Hay deportes donde la tecnología de los nuevos materiales ha llegado para quedarse, mejorando significativamente el rendimiento. Un ejemplo es el tenis, donde el material de las raquetas ha cambiado desde sus orígenes. A pesar de que las raquetas de madera, primer material con el que se hicieron, fueron empuñadas por ganadores de los mejores

---

23. Federación Internacional de Natación, denominada actualmente World Aquatics.

torneos hasta casi el final del siglo xx, el cambio a otro tipo de material no se ha visto como algo que pervierta el espíritu de este deporte.

Como dato curioso, ahora hay torneos específicos de raqueta de madera. Sin embargo, como ya a estas alturas podemos imaginar, incluso para los no aficionados al tenis, el empleo de otros materiales se ha impuesto. Desde el metal, hasta los más modernos de fibra de vidrio, fibra de carbono e incluso grafeno. Todo para reunir las mejores propiedades de ligereza, resistencia, flexibilidad y rigidez. Por supuesto, hubo también sus reticencias al cambio de materiales, y el gran Björn Borg intentó un cambio de reglamento que prohibiese el uso de raquetas de materiales sintéticos. Al final, el propio Borg, en su intento de reaparición, cambió la raqueta de madera por una de material sintético.

El balón de fútbol también ha experimentado cambios en el material con que se elabora. Solo hay que ver los primeros balones —a los que ni tan siquiera se les podía llamar «esférico»—, un poco deformes y con unas costuras para el cierre del cuero en absoluto adecuadas para dar un cabezazo al balón.

Posteriormente no solo cambió la forma, sino también el material, primero empleando una mezcla de cuero y poliuretano y luego siendo totalmente sintético. La cámara, que almacena el aire a una presión característica, es de un material sintético llamado «caucho butílico», o simplemente butilo. Es un polímero de isobutileno cuya propiedad principal es ser impermeable al aire.

Cada balón de un mundial de fútbol tiene su pequeño o gran avance y un nombre particular, cuestión de estrategia de marketing. El balón del reciente mundial de fútbol femenino ganado por España se llama Oceanuz —lleva alguna letra de Oceanía, Australia, Nueva Zelanda— y, además de los materiales ya comentados, cuenta con un corazón inteligente. Como su predecesor del mundial masculino, dispone de un sensor de movimiento, con circuitos integrados que llevan dentro, como no podía ser de otra forma, mucha tecnología química.

Hay deportes cuyos escenarios plantean muchas veces condiciones extremas; el alpinismo, el submarinismo, la espeleología... En este último deporte, además de las condiciones de temperatura, humedad, espacios cerrados, que requieren prendas adecuadas, existe otra característica: la oscuridad. Hasta hace muy poco los sistemas de iluminación consistían en una simple reacción química, la del carburo de calcio con agua. Esta reacción genera acetileno, una sencilla molécula orgánica altamente inflamable con la que se produce una llama que, en este caso, iluminaba la cueva.

Estas lámparas, llamadas de acetileno o simplemente carburero, han tenido ventajas en la espeleología hasta hace muy poco, principalmente por su gran autonomía y bajo coste. Sin embargo, esta reacción química ha sido desplazada por las iluminaciones tipo led. Esta fuente de luz (del inglés *light-emitting diode*) está constituida por un material semiconductor que permite generar luz con una gran autonomía. En el desarrollo de estos materiales semiconductores la química tiene un papel relevante. Así, se emplean metales no tan comunes, como el galio, en forma de nitruro de galio, fosfuro de galio, o materiales más complejos de fosfuro de aluminio-galio-indio. Por cierto, los LED, en muy diversas formas, también están detrás de una de las formas más extendidas de disfrutar del deporte, viéndolo a través de la televisión. Encontrar un televisor que no incluya en su nombre comercial las siglas LED o alguna referida a los modernos materiales de iluminación o retroiluminación empieza a ser misión imposible.

Por supuesto, hay muchos más deportes en los que los avances tecnológicos posibilitados por la química han permitido llevar a cabo progresos fundamentales en la seguridad, en los récords, en la comodidad, en la vistosidad... La química proporciona los materiales apropiados en función de las necesidades, y por eso el trabajo debe hacerse en permanente colaboración con ingenieros, físicos, médicos y aquellos profesionales que trabajan en los campos de ciencias del deporte.

Los avances que se desarrollan a nivel deportivo profesional acaban llegando más tarde o más temprano al terreno del deporte aficionado. Las raquetas, la ropa deportiva para correr o hacer senderismo, los balones, las bicicletas... se han beneficiado de estos desarrollos. Nosotros no batiremos ninguna marca, pero haremos el deporte, tan necesario para nuestra salud, de forma más segura, más cómoda y disfrutando al máximo.

10.
Pintando la vida de colores

El concurso de cristalización en la escuela es una actividad organizada en buena parte de España, dirigida a escolares de educación secundaria. Por medio del crecimiento de cristales con diferentes compuestos y métodos, los estudiantes logran crear diferentes conjuntos científico-artísticos aprovechando el atractivo de los cristales.

Recuerdo una edición en la que un conjunto de escolares decidieron recrear el cuadro *La noche estrellada*, de Van Gogh. Para conseguir el azul del cielo, tan característico de esta obra, utilizaron cristales de sulfato de cobre de diferentes tamaños. El sulfato de cobre en su forma cristalina e hidratada adquiere un color azul característico.

Pero ¿es ese el compuesto que utilizó Van Gogh para realizar su pintura? ¿De dónde proceden todos los colores que tenemos en los cuadros, las paredes, los coches, los tejidos...? Y, sobre todo, ¿por qué vemos colores?

Empecemos por lo último, y, aunque la respuesta sería relativamente larga, la podemos resumir: percibimos colores porque nuestro cerebro está preparado para traducir diversas longitudes de onda de la luz reflejada por los objetos y seres, asociándolas a colores específicos.

De esta manera, la percepción del color azul está intrínsecamente ligada al tipo de sustancia que la luz ilumina. Para los humanos, el sulfato de cobre tiene esa propiedad, pero sería un mal compuesto como pigmento para un cuadro. El desarrollo de sustancias como materia prima para pintar cuadros ha sido inherente a la historia del arte. Desde la antigüedad hubo una sinergia entre los descubridores de sustancias y los propios pintores. La alquimia, esa protociencia de la que derivó la química, tuvo intereses, entre otras materias, en la generación de pigmentos y sustancias para emplear en pintura.

En el caso concreto de *La noche estrellada*, uno de los pigmentos esenciales en la luminosidad del cielo es el azul ultramar. Para este color, podemos distinguir el azul ultramar natural y el sintético, del que se sirvió Van Gogh. El azul ultramar original procedía de la roca lapislázuli,[24] compuesta por varios minerales y procedente, en aquella época, principalmente de Afganistán. Debido a su precio y por lo deseable de su color se intentó producirlo artificialmente. El francés Jean-Baptiste Guimet y el alemán Christian Gmelin lo consiguieron de forma paralela, horneando una mezcla de caolín, carbonato de sodio, cuarzo o arena y azufre. Comenzó así una floreciente industria del demandado azul ul-

---

24. El lapislázuli es una roca metamórfica cuyo mineral más importante es la lazurita. Además, contiene silicatos, calcita, sodalita y pirita.

tramar, no sin que algún pintor se mostrase receloso de no utilizar el azul «natural».

En el pasado, la relación entre pintores y descubrimientos científicos fue estrecha, hasta tal punto que había pintores inmersos en laboratorios químicos. A la par, el interés en los colores, no solo por parte de los artistas, hizo florecer la industria química. El ejemplo más significativo lo tenemos con el color malva. Como hemos visto con la pintura, se iban descubriendo colores atractivos a través de fuentes naturales, pero en muchas ocasiones eran inaccesibles para el común de los mortales.

Así, para obtener un gramo del codiciado tinte púrpura de Tiro se necesitaban diez mil caracoles marinos de la especie *Bolinus brandaris*. Era obvio el interés que había por este colorante, pero curiosamente, su descubrimiento se consiguió al abordar, como numerosas veces pasa en ciencia, otro objetivo. William H. Perkin estaba trabajando para su jefe, August W. von Hofmann, en la obtención de la quinina, compuesto utilizado como antimalárico. En su empeño, en 1856, al oxidar la anilina con dicromato de potasio, obtuvo un residuo negro que al lavarlo con alcohol generaba una disolución morada. El fracaso no fue por la fregadera de residuos, y la visión de Perkin lo llevó a seguir por esa línea de trabajo y a patentarlo como tinte.

Este descubrimiento hizo florecer la industria del tinte, muchas de cuyas empresas son ahora potentes industrias en diversos campos de la química como BASF o Bayer. También los tintes hicieron progresar el conocimiento médico.

Paul Ehrlich, al que ya hemos mencionado en el capítulo 4, fue uno de los primeros en utilizar tintes sintéticos derivados de anilina para la tinción biológica. También la tinción celular, junto con otros procedimientos, fue clave en los descubrimientos de Camillo Golgi y Santiago Ramón y Cajal, que sentaron las bases de la teoría neuronal moderna. A lo largo de la historia de la humanidad, los colores han desempeñado un papel de suma importancia. Más allá de su presencia en los cuadros, el color a menudo tiene un papel determinante en nuestras decisiones de compra, influyendo en muchos de los productos que adquirimos. El color de la ropa, el del coche, el de las paredes de nuestra casa, el de los muebles, el de los caramelos... Todo ello hace que la industria química de las pinturas y colorantes siga siendo una de las más florecientes. Por ejemplo, en España, las empresas de pinturas, barnices y tintas suponen el quinto sector con mayor cifra de negocio dentro de la industria química.[25]

En este punto, es conveniente definir lo que es la pintura como material de trabajo. Es el producto que utilizamos para aplicar el color y, por tanto, es algo fluido que al cabo del tiempo se transforma en sólido. Para impregnar en la pintura el color tenemos las opciones que hemos visto antes: el pigmento —un compuesto sólido que no se une químicamente con el material— o el tinte —soluble, a veces incluso en agua—. Además, contendrá otros aditivos en función

25. https://www.feique.org/radiografia-economica-del-sector-quimico-espanol/

de su empleo. Por ejemplo, las pinturas acrílicas, que son las que tienen como aglutinante[26] un polímero acrílico que forma una película tras la evaporación del disolvente. Este disolvente —es decir, el vehículo en el que va el pigmento— y el aglutinante pueden ser agua, creando una emulsión y haciendo posible prescindir de disolventes orgánicos. La industria de las pinturas se asocia así con otro de los campos vistos anteriormente: el de los polímeros.

En los últimos años, los Objetivos de Desarrollo Sostenible de la ONU, las normativas de las Administraciones y las preferencias de los consumidores están impulsando procesos de fabricación sostenibles, estrategias de manejo responsable de residuos y una reducción de los compuestos orgánicos volátiles como el etanol, la acetona o la propia anilina.

Así pues, además de salidas profesionales para los químicos sintéticos en el desarrollo de pinturas, el interés creciente en la sostenibilidad ofrece oportunidades a los químicos medioambientales, los especialistas en salud y seguridad, los químicos de desarrollo de productos y los responsables de políticas públicas.

Hay que tener en cuenta, además —lo veremos más adelante—, que determinados colorantes se emplearán en alimentos, con lo que los químicos de este campo deben ser conscientes de cómo afectarán los compuestos a otras propiedades de un producto, como los olores, los sabores, la

---

26. El aglutinante es el material que sirve para adherir las distintas sustancias colorantes.

tendencia a la corrosión y a la oxidación y las posibles reacciones alérgicas que puedan ocasionar.

El comportamiento de los consumidores, como en otros muchos campos industriales, crea tendencias que los fabricantes deben tener en cuenta, en este caso, relacionadas con pinturas y colorantes. ¿A qué temperatura se suele lavar la ropa? ¿Cuál es el color de moda en cosmética? ¿Qué color de coche se vende más? ¿Qué puede hacer un químico en esta industria? Aunque ya hemos visto unas cuantas labores las podemos resumir en: sintetizar y caracterizar nuevos productos, desarrollar nuevas aplicaciones para los productos existentes, proporcionar apoyo al marketing y asistencia al cliente, estudiar y mejorar los efectos de los productos sobre la salud y el medioambiente.

La química también desempeña un papel sumamente interesante en el ámbito de la restauración y conservación del patrimonio. Como hemos visto, los diferentes pigmentos fueron descubriéndose y desarrollándose a lo largo de los siglos. Por ejemplo, la presencia de compuestos que se obtuvieron en el siglo XIX en el análisis de una pintura del siglo XVI indicaría un problema en la datación del cuadro, ya que estos elementos no deberían estar presentes en esa época.

Por otro lado, los colores envejecen. Lo hacen los pigmentos y el soporte a través de reacciones químicas con la luz, el oxígeno o la humedad. Si han estado mal conservados las consecuencias pueden ser drásticas. Para analizar el estado de conservación de una pintura pueden utilizarse métodos químicos analíticos, desde los más clásicos a los más sofisticados. Ejemplo de estos últimos podrían ser los rayos X. Del mismo modo que nos dan información sobre el estado de nuestros huesos, pueden revelar también detalles cruciales de una pintura, ya que los diferentes metales presentes en los pigmentos interactúan de manera única con los rayos X, resaltando, por ejemplo, los pigmentos con plomo.

El progreso en el conocimiento químico ha permitido comprender mejor cómo se degrada un color y también obtener pigmentos y tintes que perduren más. Sin embargo, al contar con una mayor diversidad de compuestos, aumentan las posibilidades de deterioro, junto con las variables que afectan a su uso y conservación. ¡Un mundo lleno de color y de química!

La pregunta que sigue a continuación es: ¿hay que restaurar los cuadros? Es evidente que el mayor esfuerzo se va a realizar en la conservación de los lienzos y en preservar su integridad original, pero en ocasiones debe efectuarse, para salvar la obra, una reconstrucción con los materiales más próximos al original. Por tanto, la faceta del químico se vislumbra en la labor de análisis, de obtención de nuevos materiales y en su aplicación para que las obras queden lo mejor posible.

El color no se puede entender sin la física y la química. Los colores inundan múltiples aspectos de la vida, desde los tonos más ornamentales hasta los más clásicos. Ya seas un entusiasta de la química o un profesional, podrás interactuar con algunos de los ámbitos que se han abordado en este capítulo y, como siempre, de la mano de otras disciplinas.

11.
Cimentando nuestro hogar

Los materiales con los que están hechos nuestras viviendas han cambiado a lo largo de la historia y también van variando en función del lugar donde están construidas. Los recursos disponibles y los avances tecnológicos han sido fundamentales para estos avances. Las primeras viviendas de nuestros antepasados estaban hechas de recursos naturales accesibles, con poca o ninguna manipulación. La civilización comenzó utilizando piedras, ramas, adobe, paja... para construir menhires, tiendas, chozas. Conforme aprendió a obtener nuevos materiales de la naturaleza y supo cómo manipularlos y, por último, crear nuevos compuestos, la gama de materiales para la construcción de viviendas fue ampliándose.

La contribución de la construcción en el producto interior bruto (PIB) de los países es sustancial. En la España previa a la crisis financiera de 2008, este sector estaba en torno al 10 % del PIB. En 2022 ha caído a la mitad, pero sigue teniendo un importante peso en el progreso de la sociedad. Durante esa crisis, se hizo frecuente mencionar el concepto de «cambio de modelo productivo».

—Papá, te vengo oyendo decir lo del cambio de modelo productivo desde hace años…, pero creo que seguimos apostando demasiado por la construcción y el turismo, ¿no te parece?

—Pues sí, Claudia. Es muy fácil decirlo, pero muy complicado cambiarlo o revertir aquello que genera riqueza relativamente rápido.

—¿Por qué no apostamos por la I+D+i? —sugiere mi hija.

La pregunta de Claudia es la misma que yo me hago a menudo a mí mismo.

—No es fácil —le explico—. No hay una varita mágica que cambie los sectores productivos de un país de un día para otro. Y ojo, lo importante no es cambiar sectores, sino que esos sectores sean capaces de generar productos de mayor valor añadido.

—¿Y cómo puede hacer eso el sector de la construcción?

Ya hemos comentado que la manera de construir ha ido variando en función de los materiales disponibles. En pleno siglo XXI estamos en una época de descubrimiento y aplicación de nuevos materiales. Además, la apuesta por la sostenibilidad, la lucha contra el cambio climático y la construcción de viviendas más «inteligentes», abren un amplio abanico de oportunidades. Por lo tanto, hay un terreno importante para la I+D+i en este sector y la química tiene mucho que aportar.

Los componentes más básicos para hacer una vivienda son el ladrillo, el cemento, el hormigón, el hierro y el acero de construcción. Luego, evidentemente llenaremos la casa de materiales poliméricos, madera, vidrio...

Sin embargo, ¿el ladrillo es tan sencillo como aparenta? Su composición y proceso de fabricación nos desvelan la ciencia, y la química en concreto, que hay detrás. El origen lo tenemos en el adobe, que no es otra cosa que arcilla, arena y algunos aditivos como la paja y un proceso de secado al sol. La arcilla es un agregado de aluminiosilicatos hidratados, es decir, óxidos de silicio y óxidos de aluminio. La arena es un conjunto de rocas disgregadas de óxido de silicio, generalmente en forma de cuarzo. Nuestra vida siempre ha estado vinculada al silicio, ¡mucho antes de Silicon Valley!

El ladrillo es una pieza elaborada con arcilla y agua, que a veces incorpora otros materiales como el caolín[27] y que, a diferencia del adobe, tiene un proceso de cocción a altas temperaturas. El proceso de fabricación consta de las siguientes etapas: extracción de la materia, maduración, tratamiento mecánico, depósito de la materia, humidificación, moldeado, secado, cocción y almacenaje. Sorprendentemente, se trata de un material, en apariencia sencillo, que pasa por un complejo proceso de transformación. En varias de estas etapas se desencadenan fenómenos fisicoquímicos que hacen variar la estructura de la materia. El principal cambio viene dado por la cocción, que se produce en un intervalo entre 900 y 1000 °C, con un tratamiento térmico de sintetización.

---

27. El caolín es un tipo de arcilla blanca debido a la ausencia de óxidos u otros elementos que dan color.

La eliminación del agua, así como la reducción de la porosidad contribuyen a incrementar su resistencia mecánica. En un proceso complejo de manufacturación hay cabida para el desarrollo de una amplia I+D+i.

A continuación, para formar los tabiques y las paredes, necesitamos que los ladrillos que se van superponiendo estén cohesionados. Es decir, necesitamos un aglomerante, una materia capaz de unir o pegar los ladrillos mediante interacciones químicas. Uno de ellos es el cemento, un aglomerante hidrófilo obtenido actualmente a partir de una mezcla de minerales de piedra caliza y arcilla finamente molidos. Es decir, químicamente tendríamos aluminosilicatos y carbonato de calcio con trazas de otros metales.

El antecesor de este cemento, conocido actualmente como cemento Portland, es el puzolánico o romano. Su historia, como podemos deducir de su segundo nombre, data de la época del antiguo Imperio romano, y su componente principal, reconocible por el primer nombre, es la puzolana. La puzolana se refiere originariamente al material procedente de la ceniza volcánica del Vesubio. Son silicatos o aluminosilicatos, con presencia de otros metales en función de la procedencia, a los que se añadía agua y cal para formar el cemento. Se producen unas reacciones químicas ácido base que transforman el material aumentando su cohesión y estabilidad, haciéndolo valioso como aglomerante.

El cemento Portland se produce a partir de una mezcla de caliza y arcilla que permite aportar óxidos de calcio, silicio, aluminio, hierro y manganeso. En función de la composición, a veces, es necesario añadir otros minerales. La clave del proceso es una calcinación a altas temperaturas (pueden llegar a 1500 °C) para formar el denominado Clínker. Durante este proceso se producen cambios físicos como la evaporación del agua, la deshidratación de minerales, y reacciones químicas como la formación de óxido de calcio, la liberación de CO_2, la reacción del óxido de calcio con los aluminosilicatos... El enfriamiento, la molienda y, a veces, la adición de yeso (sulfato de calcio) permite obtener el cemento. La composición final tendrá como componente mayoritario un compuesto llamado alita (silicato tricálcico), además de otros como la belita, la celita y la felita.[28] ¡Como vemos un mundo repleto de química!

Ahora bien, ¿este cemento se utiliza para unir los ladrillos? Aún hay más química, y para obtener el aglomerante definitivo se le puede añadir arena y agua, formando el denominado «mortero de cemento». El material se convierte en una pasta moldeable que puede aplicarse entre dos ladrillos. Con el tiempo, este mortero sufre un proceso de fraguado, es decir, experimenta una serie de procesos fisicoquímicos que permiten solidificar el material y cohesionar los ladrillos.

En todo el proceso tenemos diversas variables que pueden cambiar, tanto en los componentes como en la forma de obtener los materiales. Esto, como se ha visto en los an-

---

28. La belita es silicato dicálcico, la celita es aluminato tricálcico y la felita es ferritoaluminato tetracálcico.

teriores capítulos, hará cambiar las propiedades del material. Como podéis observar, el trabajo de construcción también conlleva aplicar unas cuantas reacciones químicas. Es evidente que el trabajo de un químico en el análisis de los materiales y en el asesoramiento para poder conseguir unas propiedades concretas es crucial.

Si hay un material que se emplea de forma extensiva para la construcción de edificios, puentes, carreteras, tuberías, obras prefabricadas, etcétera, es el hormigón, o también llamado «concreto». Este material es un conglomerado en el que el cemento vuelve a ser la parte aglomerante. Sin embargo, el componente principal son los agregados o áridos. Aquí tenemos una gran diversidad de agregados, tanto en términos de composición, como de tamaño, que permitirá luego obtener diferentes hormigones. Estos agregados serán fundamentalmente grava y arena, que aportarán el volumen y la consistencia a través de rocas y minerales triturados como la caliza, el granito, la dolomita, el basalto, la arenisca, el cuarzo o la cuarcita. Completará la composición, el agua y otros aditivos que permitirán modificar alguna característica. La hidratación de la mezcla permite generar silicatos de calcio hidratados e hidróxido de calcio. Estos compuestos llenan los espacios entre los agregados y contribuyen a la cohesión del hormigón.

Vemos, pues, que la producción de los ladrillos, cemento, mortero y hormigón está muy estandarizada. Sin embargo, siguen existiendo retos a los que enfrentarse desde el mundo de la ciencia y de la química en particular. Por ejemplo, en relación con la sostenibilidad, hemos visto que uno de los subproductos que se generan en la formación del cemento es el dióxido de carbono, un gas causante del efecto invernadero. Además, la combustión necesaria para obtener el calor del horno también lo produce. Así, la captura, almacenaje y utilización del dióxido de carbono o la sustitución del carbonato de calcio por otro compuesto, serían métodos interesantes para reducir las emisiones.

En el ámbito de la construcción es posible llevar a cabo todavía mucha investigación y desarrollo de nuevos materiales con el objetivo de alcanzar procesos más sostenibles y eficientes. Hay un gran terreno de trabajo para que la química aporte su, nunca mejor dicho, granito de arena.

12.
Química para vestir

¿Qué tiempo hace hoy? Es una de las preguntas recurrentes que nos hacemos todos nosotros antes de salir de casa. Seguramente, lo primero que hacemos al levantarnos es consultar la app del teléfono antes que abrir la ventana o el balcón... En función de la temperatura exterior elegimos la ropa que nos pondremos, que previamente ya tenemos dispuesta según si estamos en un tiempo más invernal o en uno más veraniego, dado que uno de los principales propósitos de la ropa es proteger nuestro cuerpo de factores externos como la temperatura.

Ahora bien, también es evidente que la ropa supone uno de los aspectos ornamentales que más cuidamos y que ayuda a crearnos una identidad y a diferenciar momentos de especial celebración. La ropa es utilidad y es moda, y en ambos aspectos la química está muy presente. Por un lado, utilizaremos los tipos de tejidos apropiados para cada condición medioambiental, pero también, junto con los colores, los utilizaremos en función de nuestro gusto, adaptados a cada ocasión.

Materiales y colores que, como ya sabemos, tienen mucho que ver con la química. En este capítulo no vamos a centrarnos en aquellos más utilizados para confeccionar la ropa, y que han ido evolucionando a lo largo de la historia. Como es evidente, las primeras formas de protegernos de las inclemencias meteorológicas fueron las pieles de otros animales y las fibras naturales, bien de procedencia animal, como la lana, bien de procedencia vegetal, como el lino y el algodón. Estas fibras naturales están compuestas por moléculas químicas. El algodón procede de las semillas de una planta y consiste en unas fibras de unos 2 a 3,5 cm compuestas mayoritariamente de celulosa. ¿Cómo es posible entonces generar fibras más largas para poder confeccionar un tejido? Las pequeñas fibras sufren un proceso de devanado que enlaza las fibras gracias a la superficie irregular que poseen y a la fricción entre ellas. Las propiedades del algodón vienen dadas por su estructura y por unas interacciones no enlazantes que hay entre las moléculas de celulosa llamadas «enlaces de hidrógeno».[29] Al lavar con agua este tejido, esta red de interacciones se perturba, y al secarse vuelven a formarse provocando las arrugas.

---

29. El enlace de hidrógeno es una fuerza atractiva electroestática entre un átomo electronegativo (que tendrá una carga parcial negativa) y un átomo de hidrogeno (que tendrá una carga parcial positiva). Estas interacciones entre cargas opuestas son responsables de muchos fenómenos naturales, como por ejemplo el alto punto de ebullición del agua (100 °C) a pesar de ser una molécula muy pequeña.

Aunque se dispone, por tanto, de fibras naturales para la confección de prendas, el desafío está en disponer de material de partida con propiedades adecuadas para satisfacer la necesidad del planeta. Por ejemplo, tener un material que permita que las prendas no se arruguen. En este sentido, la intervención de los químicos en I+D+i tiene un papel relevante modificando las fibras naturales, como el algodón, mediante un proceso denominado «reticulación».

Hay muchas prendas que llevan mezcla de tejidos. Por ejemplo, tomo cualquier pieza de ropa de mi armario —podéis probar a mirar las etiquetas de la ropa de vuestros armarios— y leo la etiqueta: 57 % algodón y 43 % poliéster. Este último es una clase de polímero, como los que hemos visto en el capítulo 6, que tiene como característica tener un grupo funcional llamado éster (-O-CO-), que es el que va uniendo los diferentes monómeros. En función del tipo de monómero podremos obtener un poliéster de diferente estructura y, por tanto, con propiedades diferentes.

Sin duda, el tipo de poliéster más empleado es el tereftalato de polietileno, más conocido por sus siglas, PET, que es ampliamente utilizado también para la fabricación de envases de bebidas. Descubierto por John R. Whinfield y James T. Dickson en plena Segunda Guerra Mundial, se utilizó inicialmente como fibra. Una de las propiedades de este tipo de material es su gran versatilidad para adaptarlo a diferentes necesidades. Dentro de las fibras, lo podemos encontrar como filamento, como hilo, como microfibra… y en función de cada presentación su finalidad es diferente. Ha sido comercializado por distintas marcas, como Terylene®, Dacrón®, Terlenka®, Tergal®… Esta última, por ejemplo, se ha hecho tan familiar que aparece en el Diccionario de la Lengua Española.

Alterando la estructura del monómero se pueden obtener otros polímeros con propiedades diferentes. Así el poliéster PCT,[30] de fórmula química mucho más compleja, se emplea para ofrecer un tejido con mayor resistencia y elasticidad.

Dentro de la categoría de los poliésteres para tejidos también encontramos el ácido poliláctico (PLA), del que hemos hablado en el capítulo 6, con unas propiedades de degradación muy interesantes, pero con peores características textiles.

Por otra parte, hay opciones para obtener fibras más respetuosas con nuestro entorno. Una de las formas de reducir el exceso de dióxido de carbono que generamos desde la Revolución Industrial consiste en reutilizarlo para fabricar poliésteres. La obtención de fibras más sostenibles es, sin duda, un campo abierto para el trabajo presente y futuro de un químico.

Algodón y poliéster son dos fibras totalmente diferentes. ¿Nos imaginamos un paraguas de algodón? ¿O una toalla para secarnos hecha del tejido con el que está hecho un paraguas? El algodón es un polímero hidrófilo, es decir, amigo del agua, y, por tanto, la absorbe, por lo que es ideal para hacer una toalla, absorbente y transpirable. El poliéster es

---

30. También conocido como PCDT, su nombre completo es tereftalato de policiclohexilendimetileno. Casi nada…

hidrófobo, o sea, nada amigo del agua. Por ello es ideal para fabricar un paraguas, impermeable y resistente. Sin embargo, hay situaciones que requieren materiales aún más impermeables. La solución ya la vimos antes: cambiar en la estructura del polietileno los hidrógenos por flúor para obtener el politetrafluoroetileno o Teflón®.

¿Y si queremos otro tipo de propiedades? Por ejemplo, un tejido que impida que los calcetines se caigan. La estructura química del material vuelve a tener la solución, y Joseph Shivers inventó en 1959 el elastano, conocido como Licra® el nombre de la marca comercializada por DuPont. Químicamente hablando, esta fibra es un polímero basado en monómeros de tipo diol (cadenas carbonadas con grupos OH en sus extremos) y diisocianatos. Así se forma un grupo uretano, que da nombre al polímero. La principal característica de estas fibras es su elevada elongación, con una elasticidad muy alta, es decir, que recobran su forma cuando cesa la fuerza que las deforma. La elongación de este tipo de fibras puede llegar, en función de su estructura, al 800 % de su longitud original.

Cambiando de propiedad, si queremos simular en una prenda el aspecto suave de la lana o del pelo animal, también hay una opción sintética que nuevamente desarrolló la empresa DuPont. Se trata de las fibras acrílicas, elaboradas mediante la polimerización de acrilonitrilo. Otra propiedad muy interesante de estas fibras es que absorben con facilidad los colores de los diferentes tintes. Sabemos ya cuán importante es poner color a nuestra vida, en las prendas de vestir, en la ropa de cama, en las alfombras…, por lo que esta cualidad de la fibra se vuelve esencial. Cómo ves, ¡si te gusta la moda, te gusta la química!

Ahora bien, ¿solo necesitamos fibras para hacer ropa? ¿No os han cosido una herida alguna vez? Pues sí, las fibras con las que se suturan las heridas o los cortes de una cirugía también tienen mucha innovación química. Aunque ha habido una evidente evolución, la seda era uno de los materiales empleados originalmente. Sin embargo, tiene un inconveniente: no es reabsorbible. En la actualidad, cuando se precisa que el cuerpo no absorba la sutura, se emplean materiales que ya hemos mencionado, como el nailon o el polipropileno. Sin embargo, en muchas situaciones es interesante que la sutura sea absorbible por el propio cuerpo. ¿Qué material se puede utilizar para tal fin, que, además, minimice el riesgo de infección? Una vez más, dos materiales nuevos, las fibras de poliglicolato y polidioxanona, vienen al rescate.

El poliglicolato es el resultado de polimerizar un compuesto llamado ácido glicólico y entra en la categoría de los poliésteres. Se degrada por hidrólisis enzimática y su reabsorción puede durar entre sesenta y noventa días. La modificación del polímero puede utilizarse para alterar sus propiedades. La polidioxanona, que parte de un compuesto cíclico llamado *p*-dioxanona, ofrece un periodo más largo de resistencia a la hidrólisis, de modo que está indicado en procesos que necesitan un soporte más prolongado.

A nivel profesional, la química textil es un campo altamente especializado que aplica los principios de la química de materiales a la producción de diversos tejidos, incluidos los utilizados en ropa de vestir, de cama, alfombras... o en el campo sanitario. Los químicos textiles pueden crear nuevos productos para satisfacer necesidades específicas del mercado o modificar productos ya existentes para mejorar sus propiedades. Y, como hemos visto, uno de los objetivos actuales es generar fibras más sostenibles y respetuosas con el medioambiente. Lo que está claro es que las prendas que utilizamos hoy en día en nada se parecen a las que empleaban nuestros antepasados de hace un siglo. La química ha aportado confort, seguridad y oportunidad de expresión.

13.
Moverse rápido,
seguro y sostenible

En poco más de un siglo, muchos aspectos de nuestra vida cotidiana han cambiado drásticamente: la higiene, la medicina, la ropa, el deporte... Una de las tecnologías que más ha influido en ese cambio es el transporte. Cómo nos movemos y la velocidad a la que lo hacemos ha cambiado nuestra forma de vivir y la perspectiva que tenemos ante la vida, pero, evidentemente, no sin consecuencias a nivel medioambiental.

En todas las modalidades de desplazamiento, ya sea movilidad terrestre, marítima o aérea (en coche, en tren, en autobús, en barco o en avión), la química no solo está presente, sino que es clave, empezando por lo más importante: la fuente de energía con la que cada transporte consigue moverse. Como hemos visto en el capítulo 1, el ser humano utiliza la combustión para obtener energía, y la movilidad es un reflejo de ello, desde la madera y el carbón, para mover las primitivas locomotoras de vapor, hasta la gasolina y el diésel, para mover los actuales vehículos. En este contexto, el futuro, ya sean coches de hidrógeno o eléctricos, es también una cuestión química, tanto en la generación de energía como en el almacenamiento de la misma.

Aunque en capítulos posteriores hablaré de la relación entre la química y la energía, en este sobre la movilidad me centraré en la importancia de la industria química para la obtención de los, todavía hoy, combustibles principales, como son la gasolina y el diésel.

Fue a finales del siglo XIX cuando surgió el primer motor de combustión impulsado por Nikolaus Otto. A partir de ahí, todos conocemos el rápido desarrollo de la automoción hasta nuestros días. Desde entonces, la gasolina y las gasolineras han estado inexorablemente unidas al coche y, por tanto, a nuestras vidas.

La gasolina es un líquido compuesto por una mezcla de hidrocarburos.[31] Se obtiene a partir del petróleo por un proceso que consta habitualmente de cuatro etapas: el fraccionamiento, el craqueo, el reformado catalítico y la depuración. Todos estos procesos se llevan a cabo en las refinerías de petróleo, un sector estratégico donde el conocimiento de la química tiene una relevancia capital.

En la primera etapa, el petróleo se somete a una destilación fraccionada mediante un calentamiento que permite separar distintos componentes en función de sus puntos de ebullición. El elemento característico de esta etapa son las

31. Los hidrocarburos son compuestos orgánicos formados por átomos de carbono e hidrógeno.

altas torres de destilación fraccionada de las refinerías. De esas fracciones, una será la empleada para la gasolina. Dada la gran demanda de este combustible, esta fracción no genera toda la gasolina que requiere el mercado. Así hay otro proceso para obtener gasolina de otras fracciones de mayor punto de ebullición, y, por tanto, de moléculas con un número mayor de átomos. Este proceso se llama «craqueo» y la transformación se produce a través de reacciones químicas que rompen enlaces para generar moléculas menos pesadas. Las dos siguientes etapas están destinadas a obtener una gasolina de calidad. Por un lado, el «reformado» implica reacciones químicas aceleradas mediante catalizadores, y, por otro, la «depuración» permite eliminar impurezas, como los derivados de azufre.

El «octanaje» es uno de los términos más populares para hablar de la calidad de la gasolina. Se trata de una medida de la resistencia de la gasolina a la detonación, es decir, la combustión rápida que hay que evitar para que el motor del coche funcione de forma eficiente. La gasolina de 98 octanos presenta una mayor resistencia a detonar que la de 95. El número 98 viene dado por la equivalencia del comportamiento de la gasolina comercial con una gasolina elaborada con hidrocarburos de referencia. Todo ello, sin plomo.

Pero, hasta hace no tanto tiempo, la gasolina incorporaba un aditivo, el tetraetilo de plomo, que permitía reducir el poder detonante del combustible. Aparentemente, una buena idea, si no fuera por la alta toxicidad del compuesto y sus derivados en la combustión. Fue Thomas Midgley, quien, en

1921, impulsó el uso del aditivo, incluso conociendo él y las compañías productoras su toxicidad. Como dato curioso, el propio Midgley dirigió también las investigaciones del desarrollo de los primeros clorofluorocarbonados, los famosos CFC de los sistemas de refrigeración que destruyeron parte de la capa de ozono. Como vemos, Midgley tiene el dudoso honor de ser el artífice de dos de los componentes más nocivos del siglo xx.

Las demás fracciones obtenidas del proceso inicial de refinado del petróleo también tienen una gran utilidad. En los motores de los automóviles se emplea la llamada diésel o gasoil. Es una fracción que necesita mayor temperatura para llegar a ebullición, y, por lo tanto, está compuesta por moléculas más pesadas. De nuevo, al proceso de destilación le seguirán etapas con diversas reacciones químicas para la optimización del carburante.

Sin embargo, el mundo de motores de combustión parece que llega a su fin. Como hemos visto en el capítulo 1, el proceso de quemar trae problemas como el aumento significativo del dióxido de carbono y la producción de otros gases altamente contaminantes. La alternativa sigue residiendo en procesos químicos, bien sea en coches eléctricos o en los de hidrógeno. Es conveniente, en este punto, hacer un pequeño comentario sobre las alternativas a la movilidad del presente y del futuro próximo.

En el caso de los coches eléctricos, el desarrollo vendrá dado, entre otras cosas, por la mejora de la autonomía de las baterías. De esto hablaré en el capítulo 18 dedicado a la energía, ya que la acumulación de energía va más allá de la automoción. Al hablar de motores de hidrógeno hay que tener en cuenta que el hidrógeno es un «vector de energía», es decir, es una especie de batería que sirve para guardar (acumular) y transportar energía. En los automóviles, el hidrógeno genera la electricidad a través de una reacción química en la pila combustible, la cual mueve el motor del vehículo. También de esta tecnología y del hidrógeno verde —aquel que se produce con energía procedente de fuentes sostenibles— hablaremos más adelante.

Un automóvil es mucho más que el motor que le permite moverse. Los coches actuales contienen unos 100 kilogramos de plásticos y cauchos que conforman alrededor de unas mil piezas. Los materiales con los que se construyen estas piezas han permitido mejorar la eficacia y el consumo de los vehículos, y esto no podría ser posible sin la aparición de los nuevos materiales plásticos. Los plásticos hacen que los automóviles sean más ligeros, con lo que pueden llegar a ahorrar hasta un 15 % de combustible. Están presentes en piezas de carrocería, aletas, parachoques, salpicaderos, revestimientos laterales e interiores, cubiertas de motor, depósitos de carburantes, de líquido de frenos, asientos, pinturas protectoras, carcasas de baterías... Cada uno de estos plásticos tiene sus propiedades específicas y las piezas están diseñadas para un uso concreto en el coche.

El automóvil es un ejemplo continuo de aplicación de la química a la tecnología. Además de lo mencionado anteriormente, la química está presente en el líquido de los frenos, el líquido de los refrigerantes, el aceite del motor, el líquido de suspensión, el gas de climatización... Hay un largo etcétera en el que el ingenio químico está presente, incluso en espacios ocultos a simple vista como en el diseño de los cinturones de seguridad y de los airbags.

Los cinturones de seguridad han salvado numerosas vidas, y su tecnología, aparentemente sencilla, ha evolucionado para ofrecer una mayor eficacia. Cuando se produce un choque es indispensable que el cinturón esté lo más pegado posible al cuerpo. Para ello, los cinturones pueden contar con un sistema pretensor que tensa la cinta al producirse el accidente. En uno de los tipos de pretensores, el pirotécnico, el principal elemento es un propelente, que, al impactar, libera un gas. Este se almacena en una cámara con un pistón que se desplaza al expandirse el gas, tensionando así el cinturón mediante un engranaje.

En los airbags, la clave vuelve a estar en un compuesto que tras la colisión se transforma en gas. Y, por supuesto, tiene su historia. Al principio se empleó un compuesto denominado azida de sodio. Es un sólido incoloro que se puede almacenar con facilidad y que con el calor se descompone rápidamente en nitrógeno gas y sodio. El sistema no está exento de complejidad, con sensores, reacción primaria para generar calor, válvulas, reacciones posteriores para neutralizar el sodio... Un pequeño laboratorio portátil en nuestro coche.

Sin embargo, la azida de sodio no es un compuesto muy seguro para manipular y se han intentado diversas alternativas para poder reemplazarlo. Una de ellas llegó a finales de la década de 1990, cuando el fabricante de airbags Takata introdujo un sistema que sustituía la azida de sodio por nitrato de amonio. *Spoiler*: el resultado fue un desastre. Con el paso del tiempo, y en función de las condiciones ambientales, el compuesto se descomponía, y al actuar en una colisión generaba mayor presión, expulsando metralla metálica en el interior del vehículo. El defecto causó más de treinta muertes y cientos de heridos en todo el mundo, lo que llevó a retirar millones de airbags con este sistema. Actualmente, la versión más segura de airbag es la que incorpora nitrato de guanidinio, que en el momento de la colisión se descompone nuevamente en nitrógeno gas y en compuestos como agua y carbono.

Sabiendo de química podemos entender numerosos aspectos de los automóviles y, por extensión, de otros medios de transporte. Incluso también la química está muy presente en los materiales con los que se construyen las carreteras. Sería impensable desplazarse por un camino de tierra a la velocidad con que los coches circulan por una autopista —salvo que se esté compitiendo en el *rally* Dakar—. Para asfaltar el pavimento de las carreteras empleamos materias bituminosas, que son mezclas de hidrocarburos y de sus derivados sulfurados, nitrogenados y oxigenados, actualmente obtenidos como residuos de la destilación del petróleo.

En definitiva, este capítulo ha sido solo un pequeño viaje en el mundo de la movilidad a través de su química.

14.
Comemos química

La quimiofobia es una palabra que utilizamos los científicos para definir el miedo, muchas veces irracional, a las sustancias químicas. Como estamos viendo, todo lo que nos rodea se puede definir en términos de química, y grandes avances de la humanidad han estado protagonizados, al menos en parte, por esta ciencia.

Uno de los campos en el que la quimiofobia es más evidente es el de la alimentación. Al parecer, para la mayoría de los mortales, la química y los alimentos no maridan bien, y la razón podría estar en la idea equivocada de que los alimentos no contienen química. Nada más lejos de la realidad, ya que, por muy naturales que sean, están hechos de moléculas y han sido creados mediante complejas reacciones químicas. Estamos acostumbrados a ver las etiquetas nutricionales y la composición de alimentos procesados como salchichas, galletas, yogures e incluso las etiquetas del agua mineral. Pero no hay una etiqueta para ver la composición de, por ejemplo, una manzana. ¿Qué pondría, si existiera? Pues empezaría por el compuesto más abundante de la manzana:

el agua, y seguiría por aceites vegetales, azúcares, almidón y algunos compuestos que irían con la famosa E delante. Por ejemplo, el caroteno (E160), el tocoferol (E306), la riboflavina (E101), el ácido ascórbico (E300) y otros muchos. Pura química, de lo más natural, pero pura química, afortunadamente. Entre los compuestos de la manzana están los que nuestro cuerpo va a utilizar para generar energía, formar nuestros músculos y obtener las vitaminas necesarias para todos nuestros procesos metabólicos. Pero es indudable que la química está presente en otros muchos aspectos de la alimentación y que también ha tenido su lado oscuro. Como suelo explicar en mis clases de la universidad de la experiencia, trataré de describir, es este capítulo, los éxitos y fracasos de esta ciencia en el mundo de la alimentación.

A principios del siglo XX las previsiones sobre la producción de alimentos sugerían que esta crecía bastante menos que lo que se requería por el gran aumento de la población. Los cultivos necesitan nitrógeno para su desarrollo, entre otros nutrientes; sin embargo, los suelos eran pobres en ese elemento. Paradójicamente, el nitrógeno es el elemento más abundante en el aire, pero está en forma de N_2, que las plantas no pueden asimilar, si no es en forma de nitrato o de amonio. Para solventar esta carencia, antes del siglo XX, se recurría al estiércol, el guano o algunos abonos sintéticos rudimentarios. Pero ¿había opción para transformar el nitrógeno gas en nitrato o amonio? Hasta principios del siglo pasado no, y aquí la química desempeñó un papel primordial.

En 1909, Fritz Haber diseñó un proceso que implicaba altas temperaturas y presiones, junto con un catalizador de hierro, para obtener el amoniaco a partir del nitrógeno del aire. La reacción así diseñada permitía producir el amoniaco a un ritmo de unos 125 ml por hora. Insuficiente para una producción industrial. Por eso, muchas veces, en química, no solo es necesario desarrollar el método en pequeña escala, también es imprescindible realizar las investigaciones pertinentes para aumentar la escala de producción. El químico Carl Bosch adaptó el proceso a escala industrial y la empresa alemana BASF comenzó a fabricar fertilizantes a partir de 1913. A partir de 1940 la producción de fertilizantes sintéticos aumentó y constituyó una parte importante de la llamada «revolución verde». En la actualidad, se estima que la alimentación de casi la mitad de la población mundial depende de los fertilizantes sintéticos.

No todo es una historia de éxito. El uso excesivo de este tipo de fertilizantes ha conllevado la contaminación de aguas subterráneas. Por otra parte, el requerimiento de gran cantidad de energía para su obtención (consume el 5 % de la producción mundial de gas natural) contribuye al agravamiento del efecto invernadero.

Lo que en un momento dado es un paso de evidente progreso, al cabo de los años, por abuso de esa tecnología o por nuevos conocimientos, puede resultar contraproducente. Esto es algo normal en ciencia, y la química no está exenta de ello. Ahora bien, esto no invalida el indudable éxito, en este caso, de la producción industrial de fertilizantes sintéticos.

La historia de luces y sombras se repite también en el caso de los pesticidas, que nos han ayudado a controlar plagas desde tiempos inmemorables. Antes del siglo XX ya se empleaban compuestos extraídos de fuentes naturales para el control de insectos. Los sumerios, cientos de años antes de Cristo, utilizaban azufre para combatir insectos y ácaros. Este control era, y es, necesario para la mejora de las cosechas y para cortar la transmisión de enfermedades graves.

Un ejemplo muy relevante de todo lo anterior es el DDT, abreviación de diclorodifeniltricloroetano. Aunque fue sintetizado en el siglo XIX, no fue hasta finales de la década de 1930, cuando Paul H. Müller descubrió su letalidad frente a los insectos. Barato y eficaz, se consideró seguro en aquellos años y permitió frenar transmisiones de enfermedades como la malaria, el tifus o la peste bubónica, además de, por supuesto, ser utilizado para la optimización de cosechas.

El descubrimiento fue tan importante que a Paul H. Müller se le concedió el Premio Nobel de Medicina en 1948. Sin embargo, el paso del tiempo ha demostrado que este compuesto no era completamente inofensivo para personas y animales. Además, su persistencia ha hecho que siga apareciendo en el medioambiente mucho tiempo después de prohibir su uso. Por un lado, el DDT ha salvado millones de vidas mediante el control de plagas, pero, por otro, ha generado un problema de salud pública. Visto con la perspectiva del tiempo, podemos afirmar que su aparición fue beneficiosa, y su utilización, adecuada, aunque, como muchas veces pasa, se cometieron dos errores. Por un lado, se abusó de su empleo, tanto en cantidad como en variedad de indicaciones de uso, y, por otro, hubo una lenta aceptación por parte de empresas y autoridades de su peligrosidad.

Los pesticidas, aunque no son perfectos, han contribuido en gran medida a la suficiencia alimentaria de la que disponemos, por lo menos en países desarrollados y en vías de desarrollo. La química, junto con otras disciplinas, tiene que buscar métodos más selectivos y respetuosos con el medioambiente y la salud humana, para el control de plagas, ya sean de insectos, hongos, malas hierbas… Además, es primordial que los procesos de obtención de estos productos sean también seguros.

La India ha sido y es uno de los países más beneficiados con el impulso de pesticidas para el aumento de la producción agrícola. Sin embargo, también tiene una mancha en su historia debido a ellos. La ciudad de Bhopal fue testigo del mayor desastre de una industria química en la historia. La empresa Monsanto llevaba años produciendo un insecticida de éxito, el Sevin®, de estructura simple, pero que precisaba para su obtención de compuestos intermedios peligrosos. Para los agricultores de la India, disponer de un producto que permitiera salvar sus cosechas era un seguro de vida. La compañía decidió construir una planta para fabricar Sevin® en la India, y escogió Bhopal para su instalación.

La noche del 2 al 3 de diciembre de 1984, uno de los depósitos que almacenaba toneladas de uno de los elementos intermedios altamente peligrosos, el metil isocianato, sufrió una fuga incontrolada. El compuesto al entrar en contacto con la atmósfera originó diversos gases tóxicos como el fosgeno y el ácido cianhídrico. Esa noche fue pavorosa en las barriadas de Bhopal colindantes a la fábrica, dejando miles de muertes directas y cientos de miles de damnificados. Como suele suceder en estos casos fueron diversas las circunstancias que propiciaron este desastre: la ubicación de la empresa, la dejadez de la producción y demasiadas fallas en la seguridad.[32]

Amar la química —se trabaje o no en ella— implica conocer los riesgos de los productos que se manipulan, bien sean naturales o artificiales, y anticiparse a los problemas con estrategias de prevención. Por eso, la seguridad, desde en un simple laboratorio hasta en una gran empresa, es una parte fundamental de esta ciencia. Estas medidas de prevención se extienden también a la utilización de diversos productos, que abarcan desde los de limpieza en nuestros hogares, hasta aquellos que empleamos para obtener cosechas más abundantes y de mejor calidad.

Vamos a terminar este capítulo de una forma mucho más dulce. Entrar en un obrador de pan o de pasteles es introducirse en un pequeño y maravilloso laboratorio químico. Elaborar pan puede parecernos un proceso sencillo en el que se mezclan harina, agua, sal, levadura… Sin embargo, se producen numerosas reacciones químicas, que, entre otras cosas, transforman parte del almidón de la harina en etanol

---

32. Para entender el alcance de este trágico suceso es muy recomendable leer el libro *Era medianoche en Bhopal*, de Dominique Lapierre y Javier Moro.

y dióxido de carbono. ¡Sí, etanol! Pero no os preocupéis, el hecho de comeros una barra de pan no hará saltar el alcoholímetro en un control de tráfico. Ese etanol se elimina durante el horneado. Y el dióxido de carbono, que sí, también se produce en el proceso, es el que le da la esponjosidad al pan. Ambos compuestos se producen en la reacción de fermentación catalizada por las levaduras, unos microorganismos presentes en multitud de procesos alimentarios.

Sin embargo, para el producto final, a veces necesitamos unos resultados diferentes, por ejemplo, en el grado de esponjosidad. Para ello se utilizan unos agentes gasificantes que incrementan la presencia de dióxido de carbono. Podemos emplear directamente bicarbonato de sodio o algún preparado más específico como el denominado en inglés *baking powder* (polvo de hornear), mal llamado también levadura química. No contiene ningún microorganismo y generalmente se compone de bicarbonato de sodio junto con fosfato monocálcico, que incrementan la generación de dióxido de carbono. También, y algo más exótica, es la combinación de bicarbonato de sodio con cremor tártaro, que no es otra cosa que bitartrato de potasio procedente de la producción del vino.

La alimentación sin la química no existiría. En este campo, los químicos contribuirán a desarrollar nuevos productos que permitan aumentar el rendimiento de los cultivos, a crear nuevos sabores y texturas, a investigar las propiedades de los nutrientes. Asimismo, en cada pequeña, mediana o gran empresa dedicada al mundo de la alimentación o de proveer aditivos alimentarios, el control de la calidad debe ser estricto, y en este sentido el papel del profesional de la química es muy relevante.

Y no olvidemos que, además, la ciencia, y especialmente la química, ha entrado en los fogones de los cocineros más famosos. Cuando en vuestra casa os ponéis el delantal y preparáis la comida es como si estuvierais vistiendo la bata en un laboratorio. ¡Todo listo para hacer reaccionar moléculas!

15.
Bebiendo tradición y tecnología

—¡Hola, papá!

Claudia llega a casa y me pilla precisamente en pleno experimento químico entre cazuelas y sartenes, o sea, cocinando.

—Hoy en clase nos han puesto un video sobre la prevención del alcoholismo.

—Bien hecho —le contesto mientras sigo atento a que nada se queme en la sartén.

—Ya sabía que te iba a gustar. Por eso te lo he contado. Ahora vienen las malas noticias...

Estrategias de hijos adolescentes para dar malas noticias...

Las bebidas alcohólicas tienen una historia que se remonta a miles de años. El proceso de fermentación, que hemos visto para la elaboración del pan, cuando se produce en la uva, da lugar al vino. ¿Cómo y cuándo ocurrió esto por primera vez? Es muy probable que las uvas maduras caídas interaccionaran con levaduras salvajes y produjeran de forma espontánea la mezcla hidroalcohólica. Esa circunstancia y el aprovechamiento de este hallazgo por el hombre fue todo uno.

En la actualidad la industria de las bebidas, tanto alcohólicas como no alcohólicas, supone una importante actividad económica y social. Así, por ejemplo, una de las acciones a nivel internacional de difusión de la ciencia es la de Pint of Science, que brinda la oportunidad de debatir temas científicos y conversar con expertos en un ambiente relajado, entre cervezas u otras bebidas con o sin alcohol. Sin embargo, hay que ser conscientes de los riesgos asociados al consumo de etanol, es decir, el alcohol producido durante la fermentación. En este sentido, que en centros educativos y en otras instituciones se trabaje la prevención del consumo de alcohol debería ser una prioridad para nuestra sociedad.

La necesidad de ofrecer bebidas sin alcohol, o con un reducido porcentaje de este, es uno de los motivos por los que cada vez más se producen y consumen las denominadas bebidas 0,0. El ejemplo más popular lo tenemos en la cerveza sin alcohol, cuyo consumo en España ha experimentado un auge espectacular.

¿Cómo se consigue una cerveza sin alcohol? Recordemos que la fermentación transforma los azúcares de un producto agrícola (uva, cebada, arroz...) en etanol y dióxido de carbono. Cuanto mayor sea la cantidad de azúcar, mayor será el porcentaje de etanol. En procesos de fermentación, la máxima graduación alcohólica puede llegar a los 20 grados.[33] Ya

---

33. El grado alcohólico viene dado por la cantidad de etanol expresada en volumen en 100 unidades de volumen de la bebida. Un vino de 13 grados implica tener 130 ml de etanol en 1000 ml de ese vino.

desde principios del siglo xx, y bajo la ley seca de Estados Unidos, empezaron a utilizarse «desalcoholizadores» que retiraban el etanol de la cerveza mediante evaporación por calentamiento. Un proceso costoso y que, como podemos imaginar, no dejaba inalterada la cerveza en cuanto a sabor y aroma.

Ahora este sistema se ha perfeccionado con las destilaciones que se obtienen aplicando vacío, es decir, a una presión mucho más reducida que la presión atmosférica. Esto permite que la temperatura de ebullición del etanol sea menor y, por tanto, los otros componentes de la cerveza se vean menos afectados. Tiene un inconveniente, y es que antes tienen que evaporarse y almacenarse compuestos muy volátiles que son los principales responsables del aroma. Así, primero se retiran estos componentes volátiles, luego se destila en vacío el etanol, y por último se incorporan los compuestos volátiles a la cerveza.

Hay otras metodologías que inciden más en el proceso microbiológico, es decir, en la propia reacción de fermentación, reduciendo la cantidad de alcohol resultante. Para empezar, se puede reducir el azúcar del que partimos, modificando los procesos previos a la fermentación. También se puede efectuar una fermentación controlada a baja temperatura o incluso utilizar levaduras específicas que generen menos etanol.

Como vemos, un mundo de posibilidades que ofrece una gran variedad de cervezas sin alcohol y en el que seguro que se va a seguir innovando para obtener cervezas más agradables al paladar. Hoy en día, el mundo del vino está experimentado un proceso similar. El vino tiene una mayor graduación alcohólica y también una mayor complejidad aromática que la cerveza, lo que le confiere unas dificultades añadidas de cara a obtener vinos sin alcohol o con baja graduación que mantengan el atractivo al paladar.

En todos estos procesos (físicos, químicos, microbiológicos) los conocimientos de la química y sus profesionales tienen mucho que aportar. Basta fijarnos en algunos contenidos que tiene un grado como el de Enología. Química general, Composición y evolución del vino, Análisis químico, Bioquímica... son asignaturas que aparecen en su plan de estudios. Así que, cuando veas un anuncio que afirma que un determinado vino no tiene productos químicos, desconfía. Afortunadamente, el vino, la cerveza y todas las bebidas y alimentos tienen mezclas de compuestos químicos.

Hay otra molécula presente en diversas bebidas que, al igual que el etanol, muchas veces deseamos reducir o que desaparezca: la cafeína. Esta molécula pequeña, compuesta por átomos de carbono, hidrógeno, nitrógeno y oxígeno, tiene una propiedad particular sobre nuestro cuerpo: es un estimulante del sistema nervioso central. Vamos, ¡que nos espabila! Aunque está presente en diversas plantas, las fuentes principales de cafeína son la semilla de la planta de café y también el té.

¿Cómo pasa esa cafeína de los granos de café al agua de nuestra bebida? Para ello empleamos un método fisicoquímico muy utilizado en los laboratorios de química de todo el mundo: la extracción. Debemos transferir al agua tanto la cafeína como todos los demás compuestos que caracterizan a la bebida del café de la muestra sólida en la que están. Para ello, se han desarrollado varios métodos que han diversificado las maneras de degustar un café. En general, hay algunos compuestos que son muy fáciles de disolver en agua y otros que les va a costar más, pero siempre, al aumentar la temperatura del agua, estos compuestos se van a disolver mejor y, por tanto, vamos a extraer más de ellos.

Por eso, lo que hacemos es poner el agua muy caliente, incluso en fase vapor, en contacto con el café, para extraer lo máximo de las semillas. Previamente, además, los granos de café han sido molidos para facilitar el proceso de extracción. En función del tostado previo, del grado de molienda, de la temperatura del agua, del tiempo de contacto y del método utilizado, la experiencia de tomar un café puede ser muy diferente, y la cantidad de cafeína ingerida, también.

La molécula de cafeína la vemos además en otras bebidas, como pueden ser las de cola o las bebidas energéticas. Estas últimas pueden contener una cantidad significativa de cafeína, que, combinada con una alta concentración de azúcar y el hecho de que generalmente vienen en latas de medio litro, las convierte en estimulantes muy potentes.

Existe la versión de estas bebidas sin cafeína; ahora bien, ¿cómo obtenemos el café sin cafeína? Aquí la química vuelve a intervenir. Uno de los métodos de extraer la cafeína es mediante disolventes orgánicos como el cloruro de metileno o el acetato de etilo. ¿Cuál es el problema? Pues que también extraen componentes que dan sabor y aroma al café.

Otro método consiste en emplear dióxido de carbono en la extracción. Este compuesto —a veces héroe, a veces villano— lo hallamos en forma de gas a temperatura ambiente. Entonces, ¿cómo se usa para extraer cafeína? En determinadas condiciones de presión y temperatura este compuesto puede convertirse en un «fluido supercrítico», que es aquel que difunde como un gas y disuelve como un líquido. Es mucho más selectivo para extraer la cafeína que los disolventes anteriores, dejando en el grano los compuestos de interés para el sabor y el aroma. El problema en este caso es que la metodología es más costosa en cuanto a instalaciones y mantenimiento.

Existe otro método conocido como el proceso de «descafeinado suizo al agua», que involucra la extracción de la cafeína de granos de café mediante un proceso de ósmosis hacia una solución acuosa baja en cafeína. La cafeína se adsorbe en fibra de carbono y luego se utiliza, por ejemplo, en la producción de bebidas energéticas.

Estos son solo algunos ejemplos en los que la química está muy presente en el mundo de las bebidas: bebidas alcohólicas, bebidas estimulantes, bebidas refrescantes…, pero, recuerda, para quitar la sed, nada como el agua.

16.
Frente al espejo

Con anterioridad se ha abordado el tema de la higiene y cómo la química está presente en jabones, detergentes, pasta de dientes, etc. Sin embargo, cuando hablamos de jabón no solo lo hacemos de higiene, sino también del cuidado de la piel. Es aquí cuando entra en escena otro de los ámbitos importantes de la industria química: la cosmética.

¿Cuántos anuncios somos capaces de recordar en los que nos venden productos para mejorar el cabello, tener la piel más suave, parecer más jóvenes…? Seguro que unos cuantos, y tal vez tengan el marketing más agresivo y científicamente incorrecto que podamos ver en las pantallas. Existe un uso indiscriminado de terminología científica, juntando palabras que no aportan nada o simplemente son redundantes, pero que dan un aire de investigación e innovación al producto que se quiere vender (biopéptidos, aminopéptidos, cosmética molecular, colágeno vegano…).

Pero ¿qué es un cosmético? Según el Diccionario de la Lengua española, es un producto que se utiliza para la higiene o belleza del cuerpo. Más allá de la estética, la cosmética y los productos relacionados pueden tener una gran incidencia en nuestro bienestar.

La cosmética, al igual que muchos de los productos que utilizamos en el siglo XXI, tiene una larga historia que empieza hace miles de años. Los primeros aceites esenciales datan de más de tres mil años antes de Cristo, y la primera fábrica de perfumes localizada en Chipre tiene sus orígenes alrededor del 2000 a. C. La primera química del mundo, Tapputi-Belatekallim, elaboraba perfumes por destilación y filtrado en el 1200 a. C., tal y como refleja una tableta de arcilla de la antigua Mesopotamia.

Los perfumes, por ejemplo, son una parte de esa industria que no deja de crecer. En tiendas especializadas, en parafarmacias, en supermercados... encontramos la sección de perfumería con marcas icónicas, vendidas hasta la saciedad por los anuncios televisivos y por *influencers,* con palabras a menudo huecas y casi siempre exageradas.

Los olores nos transmiten información a través de diversas moléculas. Para que esto sea posible, estas moléculas deben ser pequeñas y sencillas, ya que, para alcanzar nuestra nariz, tienen que estar en estado gas. El olor de, por ejemplo, cualquier fruta, es el conjunto de las interacciones de diversas moléculas con nuestro detector olfativo. Una manzana huele a manzana por el acetato de etilo, el acetato de butilo, el butanoato de etilo, el 1-propanol... Un limón tiene su característico olor gracias al limoneno, pero también al a-citral, al safranal, al 1-hexanol, entre otros, una complejidad molecular que impregna cada fruta de su característico olor.

Detrás de esta complejidad química tiene que haber un químico. Decía Ernest Beaux, el perfumista que creó Chanel n.º 5: «Hay que confiar en los químicos para encontrar nuevas sustancias químicas aromáticas que creen notas nuevas y originales». La combinación de fragancias extraídas de fuentes naturales y de las sintetizadas en los laboratorios permite tener un amplio catálogo de moléculas. En función de la concentración de estas fragancias, el mercado ofrece un tipo u otro de producto. Así, el perfume estrictamente dicho, es el que tiene entre un 20 y un 40 % de estos compuestos responsables del aroma. Vamos bajando en concentración y llegamos a las denominadas aguas de colonia, que no llevan más de un 4 % de fragancia. El resto de los componentes serán fundamentalmente etanol y fijadores que permitan una mayor durabilidad del aroma en la piel. Por cierto, algunos de estos fijadores, de forma individual, pueden tener olores desagradables.

Entre las fragancias hay una sustancia curiosa, la ambreína,[34] que no da olor por sí misma, pero sí en combinación con otra molécula, y que es muy apreciada por los perfumistas. Esta peculiar esencia deriva del ámbar gris, que procede de una secreción del sistema digestivo del cachalote. Sin duda, un mundo muy curioso, el de las fragancias.

En la antesala de la ciencia química, la alquimia tenía como objetivo fundamental la obtención de la piedra filosofal para

---

34. Químicamente es un alcohol triterpénico con 30 átomos de carbono en su estructura.

transformar metales en oro, y el elixir de la eterna juventud. A través de reacciones nucleares, y costosísimos procesos, ya somos capaces de lo primero, pero ¿y la inmortalidad? Cada vez vivimos más y mejor. Nuestros sesenta-setenta años no tienen nada que ver con los de nuestros abuelos, debido en gran parte a la alimentación, la medicina y las políticas sociales. ¿Y la cosmética que nos promete el elixir de juventud, en forma, por ejemplo, de crema antiedad? Nuevamente, la nomenclatura química aparece por doquier en cualquiera de estos productos y su publicidad: ácido retinoico, a-hidroxiácidos, vitaminas C y E, péptidos... ¿Funcionan? Hay que ser realistas y entender que no van a eliminar las arrugas profundas ni revertir el envejecimiento, pero estos productos, en mayor o menor medida, y con efectos más o menos prolongados, son eficaces frente a esas arrugas moderadas que nos van surgiendo.

Una de esas sustancias es el palmitoil pentapéptido-4, que parece estimular la producción de elastina y otras moléculas. Se ha observado que proporciona mejoras significativas en la reducción de arrugas, como las temidas patas de gallo, en comparación con el grupo de control (grupo placebo) que utilizó una crema sin el principio activo. El palmitoil pentapéptido-4 es una concatenación de cinco aminoácidos (pentapéptido), que es la molécula activa, y una molécula carbonada larga (palmitoil) que es hidrofóbica y permite la penetración en la piel.

Si bien el mundo de las cremas antiarrugas parece un poco difuso, y a menudo está distorsionado por el bombardeo de publicidad, existe un tipo de cremas que no solo ha demostrado su efectividad, sino que además nos ayuda a prevenir enfermedades cutáneas: las cremas solares.

El sol es necesario para, por ejemplo, que nuestro cuerpo termine de sintetizar la vitamina D; sin embargo, una exposición excesiva a los rayos ultravioleta (UV) puede ser muy perjudicial. Esta radiación puede dañarnos la piel con quemaduras e incluso causar daños en el ADN de nuestras células, lo que contribuye a aumentar el riesgo de sufrir un cáncer de piel.

Nuestra piel tiene un protector natural llamado «melanina», que es la molécula cuya concentración aumenta al tomar el sol. No obstante, para defendernos de los rayos UV, por ejemplo, en la playa o en la piscina, vamos a necesitar una ayuda adicional. Aquí es donde entran en juego las cremas solares y diferentes compuestos diseñados para bloquear los tres tipos de rayos: UVA, UVB y UVC. Pequeñas moléculas como la avobenzona, el homosalato o la oxibenzona son capaces de absorber fotones de luz ultravioleta disipando la energía en forma de calor. La eficacia en el bloqueo de los diferentes rayos UV dependerá de su estructura química.

La naturaleza también es fuente de inspiración para poder obtener mejores productos y que carezcan de potenciales efectos como disruptores endocrinos,[35] uno de los problemas a los que se enfrentan los expertos en el diseño de cremas

---

35. Los disruptores endocrinos son moléculas que pueden alterar la señalización hormonal e interferir en ella.

solares. Así, por ejemplo, se está investigando en compuestos procedentes de algas marinas.

Estamos viendo, con los casos anteriores, que el mundo de la cosmética se encuentra estrechamente ligado a la química. Podemos seguir observando esta relación, por ejemplo, en los esmaltes de uñas, un producto aparentemente sencillo, pero con una elevada complejidad química por la variedad de los componentes que lo conforman. Una capa polimérica, nitrocelulosa generalmente, disolvente, plastificante y, por supuesto, unos pigmentos que contribuyen al color. Aquí la inventiva e innovación va en aumento, empleando compuestos que pueden cambiar de color con la luz (fotocrómicos) o con la temperatura (termocrómicos), lo que añade una dimensión más atractiva a estos productos.

No podemos terminar este capítulo sin otra nota de color: la de los pintalabios. Es otro de esos productos que llevan empleándose, de un modo u otro, desde hace milenios. Actualmente, ceras y aceites son los constituyentes mayoritarios de estos productos, y sí, ya os lo estaréis imaginando, también tienen pigmentos. Para el característico color rojo, dos son los compuestos más utilizados. Por un lado, el denominado rojo carmín, un compuesto derivado de un insecto, la cochinilla del cactus. Por otro, está la eosina, un compuesto bromado derivado de la fluoresceína, que, por ejemplo, también se utiliza en reacciones activadas por la luz.

Una curiosidad más que atañe al universo de la cosmética de los pintalabios, hace referencia a un compuesto en particular, la capsaicina, que desencadena un efecto de aumento de volumen en los labios. Este compuesto es el responsable del picor de los chiles y en pequeñas cantidades, y de forma controlada, causa irritación y mayor flujo sanguíneo en la zona, provocando un efecto de hinchazón de los labios.

Podríamos seguir, pero con estos ejemplos creo que ha quedado patente la importancia de la química en los diferentes aspectos de la cosmética, no solo como algo ornamental, sino también, como en el caso de las cremas solares, en el terreno de la salud.

17.
Moléculas para transmitir conocimiento y cultura

Hace poco me llamaron de un centro de secundaria para impartir una charla que ayudara a derribar esos muros que construimos entre las ciencias (experimentales) y las humanidades. Cuando los estudiantes de ESO empiezan a optar por diferentes asignaturas, se empieza a crear una pequeña línea de segregación entre ciencias y letras, que en nada tiene que ver con la realidad de nuestro mundo. Titulé la charla «Letras de vida», jugando con las letras con las que denotamos los componentes básicos del ADN, es decir, A, T, G y C, y que corresponden a las moléculas orgánicas que usamos para almacenar la información genética.[36]

Así se transmite la vida, y esto, en mi charla, me dio pie a preguntar: «¿Cómo transmitimos los seres humanos nuestro conocimiento?».

---

36. Las letras se corresponden con los cuatro tipos de compuestos nitrogenados que se encuentran en la molécula de ADN: adenina (A), citosina (C), guanina (G) y tiamina (T).

La transmisión de conocimiento nos caracteriza como especie inteligente, aunque la forma de hacerlo ha ido experimentando transformaciones a lo largo de los milenios. La escritora Irene Vallejo aborda este tema de manera magistral en su obra *El infinito en un junco*, una obra dedicada a la historia de los libros. El material con el que escribimos y el material sobre lo que escribimos han marcado el devenir de nuestra historia, y ahí, sí, está la química. El *Cyperus papyrus L.* es una planta que crece durante todo el año en humedales y con una alta productividad. De su tallo, y por diversos procesos, los antiguos egipcios obtenían las tiras que componían el papiro. Este material está compuesto principalmente por dos polímeros: celulosa, de la que ya hemos hablado en el capítulo 12, y lignina, un polímero fenólico altamente ramificado. Como dato curioso, la tonalidad amarillenta del papiro viejo viene dada por la dimerización de la lignina con el paso del tiempo. Este efecto puede ser inhibido en cierta medida en el proceso de manufactura del papiro. Como vemos, diferentes tecnologías de procesado afectan a la composición química y esto ya se aplicaba en el Egipto de las pirámides.

Al papiro le siguió otro soporte: el pergamino, procedente de una materia prima totalmente diferente, y en lugar del origen vegetal, se tomó como material base la piel animal, de cordero, ternera o cabra, principalmente. Esto implica, como podréis sospechar, un cambio total en la composición del soporte sobre el que se iba a escribir y a transmitir la información. El pergamino era una piel semicurada sobre la que se realizaban diversos procesos, como baños y maceración para eliminar elementos susceptibles de pudrirse. Posteriormente, se tensaba la piel, se eliminaban los pelos del animal y se pulía y aplicaba una capa de yeso o talco para un total desengrasado.

Al proceder de la piel animal, la composición química es fundamentalmente proteína y agua. La proteína en concreto es el colágeno, y el agua actúa como el elemento fundamental para mantener la cohesión de las estructuras de colágeno mediante interacciones débiles llamadas enlaces de hidrógeno, de las que ya hemos hablado en el capítulo 12. Por eso, las condiciones de humedad de los pergaminos son tan importantes. Un ambiente de sequedad hará perder agua al pergamino, con lo que se volverá menos flexible y se deformará. Un ambiente húmedo hará absorber agua al pergamino, de modo que cambiará la estructura, y, por tanto, se modificarán sus propiedades físicas. Esto lo saben bien los restauradores, que, como vemos, necesitan entender conceptos químicos continuamente.

Sin embargo, el cambio decisivo en el tipo de soporte sobre el que transmitir información llegó con el papel, y, con él, toda una industria química relacionada. Aunque la fabricación de papel es antigua, a Occidente no llegó hasta el siglo XI, introducido por los árabes, que, a su vez, lo adoptaron de la cultura china. En este caso, la materia prima vuelve a ser vegetal, partiendo principalmente de la madera, con lo cual la celulosa es su principal componente.

La fabricación del papel implica una combinación tanto de procesos físicos como químicos. En primer lugar, hay que descortezar la madera, triturarla y, literalmente, hacerla astillas. Teniendo en cuenta que posteriormente se van a iniciar los procesos químicos, es importante hacer una selección de las astillas según su tamaño mediante un tamizado. A continuación, se procede a la transformación de estas astillas en pulpa de celulosa, un proceso químico crucial que implica la eliminación de la lignina presente en la madera, que puede llegar a representar hasta un 30 % de su composición.

Como acabamos de ver con los papiros, que poseían un alto porcentaje de lignina, la descomposición de esta con el tiempo es la que provoca el color amarillento de los mismos. Hay métodos, menos intensos, que permiten abaratar la obtención de papel. En consecuencia, ese tipo de papel tiene más porcentaje de lignina, y con el tiempo se vuelve también amarillo como los antiguos papiros. Por ejemplo, el papel utilizado para la impresión de los periódicos está hecho mediante este tipo de proceso.

El principal procedimiento para la obtención de la pasta de celulosa se denomina «proceso Kraft», y tiene más de un siglo de antigüedad. Los compuestos químicos que se emplean mayoritariamente son el hidróxido de sodio y el sulfuro de sodio. La obtención definitiva del papel conlleva otros procesos químicos, como, por ejemplo, el blanqueamiento, para el que se emplea agua oxigenada. Consumo de madera, alto gasto energético, residuos químicos... estamos ante una industria que nos está permitiendo leer este libro —si no lo hacemos en versión digital—, pero con mucho margen de mejora en busca de la sostenibilidad medioambiental. Tenemos el soporte. Ahora bien, ¿con qué escribimos? ¿Tienen algo de tecnología y de química los populares bolígrafos, que, a pesar de estar en la era digital, seguimos empleando de manera cotidiana? Tienen tecnología y mucha historia, como denota el término «tinta china», que ya se empleaba en Oriente, en la antigüedad, y está basada en el hollín de materias resinosas.

Actualmente, la tinta de nuestros bolígrafos suelen tener tres componentes principales: el colorante, el disolvente y el aglutinante, que ayuda a adherir el colorante al papel. Para el *boli* azul, se pueden emplear diversos colorantes, siendo uno de los más habituales el violeta de metilo. Para el rojo, el colorante es un compuesto del que ya hemos hablado: la eosina. Como dato curioso, estos colorantes se van descomponiendo con el tiempo, y su degradación puede servir para la datación de documentos.

La química de los bolígrafos no se queda solo ahí, además del plástico de la carcasa, la pequeña bolita que da su nombre —bola y grafo para generar la palabra *bolígrafo*— suele ser de carburo de wolframio. Las bolitas tienen así una superficie uniforme y un adecuado rendimiento y dureza. Y es que, cuando escribimos, esa bolita gira a unas 3000 revoluciones por minuto. Cuando firmamos, las revoluciones se doblan. Así que la expresión «a prueba de bombas» que empleamos para definir un material resistente, lo podríamos cambiar por «a prueba de escritura».

El comienzo del siglo XXI supuso la popularización de otras plataformas de escritura y lectura, de modo que los grandes clásicos ya no solo se podían leer en papel, también en las pantallas de las tabletas. Estos dispositivos electrónicos táctiles no serían posibles sin el avance en nuevos compuestos químicos. Cambiamos los compuestos orgánicos del papel, como la celulosa, por sales inorgánicas, como el óxido de indio y estaño, que conforman una delgada capa transparente y conductora, y vidrio de aluminosilicato. Hay más, estos dispositivos son un pequeño muestrario de la tabla periódica. Elementos de los denominados «tierras raras» permiten visualizar los colores en el dispositivo: lantano, praseodimio, europio, gadolinio, terbio, disprosio... Esto tan solo hablando de la pantalla, luego tendríamos los compuestos y elementos que aparecen en el resto del dispositivo, como, las baterías, los circuitos electrónicos, el micrófono, las cámaras, la carcasa... Por supuesto, esto es extensivo a los teléfonos móviles, empleados cada vez menos para llamar. De los ochenta y tres elementos no radiactivos de nuestra tabla, ¡al menos setenta están presentes en nuestros móviles!

Ya veis, un químico puede trabajar en una industria consolidada y clásica, como la papelera, realizando tareas de control o de optimización de procesos, o en una industria emergente, como la que nos proporciona todos los nuevos dispositivos electrónicos. Tanto un libro de papel como un libro digital nos seguirán transmitiendo la cultura y el conocimiento de nuestros ancestros y la obra literaria de los nuevos autores. Sin embargo, habrá una cosa que no tendrán los dispositivos electrónicos, el olor de un libro, viejo o nuevo, que con la mezcla de compuestos volátiles diferentes nos transporta a un estado de diferentes emociones.

Este tránsito de lo analógico a lo digital también lo han experimentado otros soportes culturales, como, por ejemplo, el cine, aunque en un menor intervalo de tiempo. Todavía, cuando vamos al cine, seguimos utilizando la expresión «ver una película». La palabra *película* viene del soporte originario de grabación, una película de celuloide, es decir, de nitrato de celulosa, que posteriormente se cambió por un material menos inflamable como el acetato de celulosa.

El cambio a la cinta magnética supuso también una modificación en la complejidad química del soporte. Hierro, cromo y cobalto son elementos que aparecen en esas cintas de grabación. Las imágenes empiezan a registrarse en forma de datos digitales, mejorando la calidad de las grabaciones. El salto de esta tecnología a otra más moderna se produjo en pocas décadas. La aparición de los discos duros desbancó a las cintas magnéticas y ello fue posible por la existencia de nuevos materiales cuyas interesantes propiedades fueron descubiertas por los físicos Albert Fert y Peter Grünberg.

Termino este capítulo con un medio que quizá no asociamos de inmediato con la cultura: la televisión. Es un medio de comunicación de masas y, como tal, ha sido empleado y se emplea para transmitir programas «basura», pero también contenidos culturales que van desde el séptimo arte hasta programas de divulgación científica y culturales, como *Ór-*

bita Laika. Además, este medio de comunicación me sirve para hablar del Premio Nobel en Química de 2023, concedido a Moungi G. Bawendi, Louis E. Brus y Alexei I. Ekimov, por el descubrimiento y síntesis de los puntos cuánticos. Estas entidades químicas son nanocristales de dimensiones muy pequeñas que confinan a los electrones, proporcionando propiedades físicas muy interesantes con aplicaciones en medicina. Además, cabe destacar la capacidad de modular el color a través del tamaño de estas partículas, dando lugar a los televisores QLED que ya vemos en el mercado.

La transmisión de conocimiento y de la cultura seguirá siendo uno de los aspectos esenciales que nos caracteriza como seres humanos. Sin embargo, los soportes y los medios a través de los cuales llevamos a cabo esta transmisión han evolucionado, y lo seguirán haciendo, en función del conocimiento científico adquirido y de los materiales que hemos ido descubriendo o sintetizando.

18.
Energía: un mundo de desafíos químicos

Hemos visto en capítulos anteriores cómo la humanidad ha recurrido a la reacción de combustión con la finalidad de obtener energía para desplazarse. Esa misma combustión es la que nos permite generar la energía con la que funcionan electrodomésticos, como la lavadora, o se pone en funcionamiento una fábrica. Este tipo de energía se obtiene a través de centrales termoeléctricas, donde la energía térmica proviene de la combustión de combustibles fósiles, en un proceso que genera gases que impulsan una turbina, produciendo así electricidad. Sin embargo, las centrales térmicas convencionales tienen un impacto medioambiental muy elevado.

A pesar de buscar alternativas a estas centrales con las de ciclo combinado,[37] quemar combustibles fósiles no solo genera dióxido de carbono, sino también otros gases nocivos

---

37. En estas centrales coexisten dos ciclos termodinámicos donde el calor residual de la turbina de gas se utiliza para producir más electricidad por generación de vapor de agua que mueve una segunda turbina.

como los óxidos de nitrógeno. Por eso, la búsqueda de alternativas al empleo de los combustibles fósiles sigue siendo una prioridad y es uno de los Objetivos de Desarrollo Sostenible marcados por la ONU: Energía asequible y no contaminante. En este sentido, aunque son diversas las disciplinas científicas implicadas en conseguir dicho objetivo, la química vuelve a tener un papel relevante.

Dentro de la categoría de centrales termoeléctricas, es decir, las que generan energía eléctrica a partir de energía térmica, tendríamos también las centrales nucleares. En este caso, la energía térmica para mover una turbina de vapor procede de la fisión de un combustible nuclear. Este tipo de energía no genera gases de efecto invernadero ni gases nocivos para el medioambiente, pero el problema, obviamente, es la gestión del material radiactivo y sus residuos. Aunque los modernos reactores han ganado aún más en seguridad, sigue habiendo recelos para la implantación de este tipo de fuente de energía.

La fisión nuclear es un proceso físico en el que la contribución de la química es muy importante. De hecho, existe una rama específica de la química llamada «química nuclear», en la que se aborda el estudio de los elementos radiactivos. El trabajo de los químicos en este sector sirve para mejorar la eficiencia y la seguridad de las fuentes de energía nuclear y los métodos de almacenamiento y eliminación de los materiales radiactivos. Compuestos como el óxido de uranio, utilizado como combustible, el uranio-238, el plutonio como residuo, y elementos como el boro y el cadmio, empleados como barras de control, son algunos de los componentes que los químicos manipulan en las centrales nucleares.

El Santo Grial para la obtención de energía barata, limpia y sostenible está también en la energía nuclear. En esta ocasión es la energía nuclear de fusión. En lugar de romper núcleos atómicos, se unen núcleos para poder generar diez millones de veces la energía liberada. Sería como tener un pequeño sol que nos diera energía de manera constante. Aunque hay grandes avances en una tecnología que lleva décadas estudiándose, todavía quedan años para que podamos ver los resultados y que esta energía sea la que se emplee para poner en marcha la lavadora.

El primer gran reto que ha de salvarse son las condiciones en las que debe producirse la reacción de fusión: altísimas temperaturas —estamos hablando de millones de grados centígrados— y presiones. Se trata de un desafío que solo puede salvarse mediante la colaboración interdisciplinar de numerosos científicos. Existen dos tipos de reactores de fusión nuclear: el de confinamiento magnético y el de confinamiento inercial. En el primero, se usa un campo magnético para confinar un plasma caliente de iones que sufrirán la fusión. En el segundo, se disparan pulsos de láser a una minúscula pastilla de deuterio y tritio que comprimen las capas interiores provocando la fusión de ambos isótopos. Este último método ha cosechado recientemente un pequeño gran éxito. En el Laboratorio Nacional Lawrence Livermore han conseguido obtener más energía mediante la fusión nuclear que la que han requerido para realizar el proceso.

Para ambos tipos de tecnología, los materiales con los que están hechos los reactores son una pieza clave y aquí los químicos desempeñan un rol esencial. Elementos como el wolframio, el litio, el berilio, en diferentes combinaciones, además, evidentemente, del deuterio y el tritio, son indispensables para lograr los objetivos. Para el método por confinamiento magnético, surge otra variable, la obtención de más y mejores imanes basados en materiales superconductores.

Hasta que esta energía llegue a ser una realidad, el empleo de energías limpias y renovables, que no utilicen combustibles fósiles, tendrán que seguir siendo una parte importante de nuestras fuentes de energía, y un sector en el que la investigación química seguirá siendo importante.

De entre todas las energías procedentes de fuentes renovables como eólica, hidroeléctrica, geotérmica, mareomotriz… tal vez sea la solar la fuente de energía donde la química tiene más que decir. ¿Qué hacen y pueden hacer los químicos para explotar al máximo este tipo de energía?

Para analizarlo, lo primero que tenemos que destacar es que la energía solar la han utilizado los seres vivos desde el comienzo de la vida en nuestro planeta. Del Sol recibimos muchísima energía, y, por ejemplo, las plantas empezaron a utilizarla en el proceso de fotosíntesis para generar carbohidratos a partir de agua y dióxido de carbono. Toda una obra maestra de la química desarrollada por los seres vivos.

Los seres humanos también la hemos empleado desde la antigüedad para diversas funciones, pero es en la actualidad cuando la estamos usando como fuente de energía renovable. Existen dos tipos principales de tecnologías que nos permiten recoger parte de esa ingente cantidad de energía procedente del Sol: la térmica y la fotovoltaica. La primera se emplea para la producción directa de calor, como, por ejemplo, para el agua caliente sanitaria. La energía solar fotovoltaica funciona por medio de un sistema que transforma la radiación solar directamente en energía eléctrica. Es en esta última variante donde la química tiene un papel muy relevante. Un panel solar típico consta de dos capas semiconductoras de silicio. A una de ellas se le añade boro para producir agujeros cargados positivamente (vacantes para ser ocupadas por electrones) y se la llama tipo *p* (positiva). A la otra capa se le agrega fósforo para crear un exceso de electrones y se la llama tipo *n* (negativa). Entre las dos capas un campo eléctrico impide el movimiento de electrones. Cuando las capas se conectan en un circuito y la radiación solar incide en la capa tipo *n*, la luz libera electrones por el efecto fotoeléctrico y estos se desplazan a través del circuito generando una corriente eléctrica.

Sin embargo, la eficiencia en este tipo de dispositivos sigue siendo un desafío para los científicos. En este sentido, se están dando grandes pasos para la utilización de un material como la perovskita en el diseño de nuevas células solares. También están en investigación las células solares con material orgánico, como polímeros, pero todavía tienen una baja eficiencia. Como vemos, todos son retos en los que la labor del químico seguirá abriendo fronteras.

Otra frontera para ensanchar, y que se muestra clave en el terreno energético, es el de las baterías. Muchos de los avances que surgen continuamente en el mundo de la tecnología se deben a nuestra capacidad para almacenar energía. Ordenadores, móviles, coches... El presente, pero sobre todo el futuro, depende de optimizar estas tecnologías. Hasta que llegue la ansiada fusión nuclear, y mientras la fisión nuclear siga siendo percibida de forma negativa en muchos países, el almacenamiento de energía, bien sea directo en baterías, bien a través de vectores como el hidrógeno, será un pilar esencial en la sustitución de los combustibles fósiles por otras fuentes de energía más sostenibles.

Como hemos visto en el capítulo 3, los seres vivos hemos resuelto el problema de la acumulación de energía mediante el empleo de moléculas que almacenan una gran cantidad de energía, como el ATP. Sin embargo, la historia de la acumulación de energía mediante una batería o pila electroquímica no surge hasta que en el año 1800 Alessandro Volta comunica su invento a la Royal Society londinense. La pila Volta se podía apagar y encender a voluntad, conservando la carga mientras estaba desconectada.

La pila voltaica ha sido la precursora de las baterías actuales y la investigación se ha centrado en conseguir más eficiencia de modo que se puede acumular más energía y durante más tiempo, para lo cual el descubrimiento de nuevos materiales y sus aplicaciones ha sido crucial. En la mayoría de los dispositivos actuales, empleamos la batería de ion litio para acumular energía, destacando que además son recargables.

El funcionamiento básico de este tipo de batería es un electrodo de carga positiva y otro de carga negativa, llamados cátodo y ánodo, respectivamente. Entre ambos hay un medio conductor (electrolito) que permite el flujo de cargas y crea una corriente eléctrica a través del circuito.

En el caso de las baterías de ion litio, el cátodo suele ser óxido de cobalto y litio, y el ánodo, de grafito. Cuando cargamos la batería, como si estuviéramos tensando la cuerda de nuestro arco antes de lanzar la flecha, los iones de litio, a través del medio conductor, y los electrones, a través del circuito exterior, van hacia el grafito. Ahí se acumulan; tenemos nuestra cuerda tensa con la flecha preparada. Durante la descarga de energía, los iones de litio fluyen desde el grafito hacia el cátodo de óxido de cobalto y litio, a la vez que los electrones lo hacen a través del circuito exterior, alimentando el ordenador, el móvil, el coche… Siguiendo el símil, se destensa la cuerda y se lanza la flecha.

Por estos avances, John B. Goodenough, M. Stanley Whittingham y Akira Yoshino fueron merecedores del Premio Nobel de Química en 2019. Aun así, se siguen necesitando baterías con mejores propiedades. Por ejemplo, será deseable reducir la degradación del electrolito, conseguir más rapidez de carga, más almacenaje de energía…

Por ello, el trabajo de los químicos, junto con científicos de otras disciplinas, va encaminado a aplicar otro tipo de óxidos para una carga y descarga más rápida, tener ánodos de silicio que permitan albergar más energía o desarrollar una batería de sodio mucho más barata que la de litio.

Como vemos, estamos ante un cambio de paradigma en la forma en la que el ser humano trabaja con la energía. El cambio de una economía basada en quemar combustibles fósiles a otra que apuesta por las energías renovables, pero que inexorablemente tiene que pasar por la obtención de la ansiada fusión nuclear y por el desarrollo de mejores baterías en cuanto a tiempo de carga, autonomía y capacidad.

Todo un desafío para la humanidad en el que los químicos van a tener que colaborar para alcanzar el éxito.

19.
Innovación
para un futuro sostenible

—Papá, sabes que no estudiaré química, ¿verdad?
Así, de improviso, me sorprende Claudia un domingo
por la tarde en plena sesión de lectura.

—¿A cuento de qué viene esto?

—Creo que hay estudios que pueden ayudar más al desarrollo de la humanidad que la química. Me motivan más.

—Siempre te he dicho que en el momento de elegir qué
quieres estudiar en la universidad deberás escoger aquellos
estudios que más te agraden y en los que te sientas más preparada. Que tus padres sean químicos no debe influir en tu
decisión, ni en un sentido ni en otro. Pero...

—¡Ya hay un pero!

—El «pero» va en que cuestiones el papel de la química
en los Objetivos de Desarrollo Sostenible. Esta ciencia tiene
mucho que aportar para alcanzar estos desafíos. De hecho,
sin sus avances, será imposible lograrlos.

Los ODS, definidos en 2015 por los líderes mundiales,
y con el objetivo de ser alcanzados en el año 2030, son tan

necesarios como ambiciosos. Es por ello que, a pesar de apuntar en el horizonte a esa fecha mágica de 2030, lograr sus metas requerirá esfuerzos constantes incluso después de ese año. Para ello, la investigación científica, y la química en particular, deben trabajar a medio y largo plazo con investigaciones orientadas a la resolución de los problemas fijados por los ODS, pero sin descuidar la investigación en ciencia básica, ya que esta es fundamental para establecer las bases necesarias.

Los diecisiete ODS abarcan una amplia gama de desafíos globales, y la química desempeña un papel fundamental en su consecución. De manera directa, podemos encontrar la contribución de la química en objetivos como: Hambre cero (ODS 2), Salud y bienestar (ODS 3), Agua limpia y saneamiento (ODS 6), Energía asequible y no contaminante (ODS 7), Industria, innovación e infraestructura (ODS 9), Ciudades y comunidades sostenibles (ODS 11), Producción y consumo responsables (ODS 12) y Acción por el clima (ODS 13).

Como ciencia, la química, ya trabaja con unos principios de sostenibilidad: prevención, economía de átomos,[38] productos químicos intermedios menos tóxicos, productos finales más seguros, reducción del uso de sustancias auxiliares, reducción del consumo energético, uso de materias primas renovables, reducción de la derivación innecesaria, uso

---

38. Esto implica maximizar la incorporación de todos los materiales en el producto final. Desaprovechar el menor número de los átomos de los reactivos.

de catalizadores, diseño desde el inicio para la degradación, desarrollo de tecnologías analíticas para la monitorización en tiempo real y minimización del riesgo de accidentes químicos.

A lo largo del libro hemos explorado diversos avances en distintos campos que permiten un desarrollo más sostenible. Sin embargo, existen desafíos que son clave para que este desarrollo nos siga permitiendo vivir más y mejor. Son en estos desafíos en los que hay que seguir incidiendo a medio y largo plazo.

En el terreno de la salud, aparte de los medicamentos y los biomateriales que hemos visto en los capítulos 4 y 5, una de las claves para democratizar la medicina y que llegue a todos es los métodos rápidos de diagnóstico. La importancia de disponer de este tipo de test la hemos visto durante la pandemia de la covid-19.

Muchos de estos test funcionan gracias a reacciones e interacciones químicas muy específicas. Por ejemplo, el test de antígenos para la covid-19 utiliza moléculas selectivas y específicas, como los anticuerpos. A medida que la muestra avanza por la cinta del test y se encuentra con la línea de detección de anticuerpos específicos, se desencadena una interacción química al detectarse la presencia de antígenos.

Los métodos de pruebas de laboratorio en el lugar de asistencia, conocidos como POCT (por sus siglas en inglés, *Point Of Care Testing*) desempeñan un papel crucial en el acceso de la medicina en zonas despobladas, para facilitar medidas de prevención o en el diagnóstico de enfermedades que precisan una detección temprana. En definitiva, estas pruebas son esenciales para avanzar en la medicina personalizada.

Los componentes de este tipo de métodos de diagnóstico necesitan de la química y la bioquímica para su desarrollo, tanto desde un punto de vista del continente —el material con el que están hechos— como del contenido —las moléculas que interaccionan con los fluidos corporales—. Aunque ya existen numerosos sistemas comerciales en este ámbito, la tecnología de estos métodos de diagnóstico seguirá siendo un área activa de investigación en química.

En el capítulo de energía que acabamos de ver hemos analizado diversas fuentes de energía, algunas actuales, como la combustión o algunas renovables, y futuras, como la fusión nuclear. Se han mencionado también las tecnologías que permiten aprovechar el Sol para obtener energía. Además, actualmente existen investigaciones que buscan emular a la naturaleza para aprovechar esa fuente inagotable de energía.

Un fascinante campo de investigación conocido como «fotosíntesis artificial» tiene como objetivo replicar el proceso natural que ocurre en las plantas. La fotosíntesis tiene una fase, la denominada luminosa, que depende directamente de la energía del sol y provoca la disociación del agua en hidrógeno y oxígeno, además de proporcionar energía en forma de ATP. Es un sistema preciso y precioso con el que la vida, tal y como la conocemos, se ha abierto paso, y también muy complejo químicamente.

Imitarlo, reportaría, sin duda, una forma directa de aprovechar la radiación solar para la obtención de energía limpia. A este reto se han dedicado desde hace años diversos investigadores en un amplio trabajo multidisciplinar. Se necesita disponer de materiales fotosensibles eficientes, catalizadores, sistemas de transporte de electrones, etc. Además, es necesario que estos sistemas se puedan escalar para poder producir, por ejemplo, hidrógeno, a una escala industrial. Ahí, en ese desafío están implicados numerosos químicos, tanto del mundo académico como del industrial.

Níquel, cobalto, molibdeno, zinc... son metales constituyentes de diferentes fotocatalizadores para obtener hidrógeno a partir de agua y luz solar. Un hidrógeno, que como vimos en capítulo 13, puede emplearse como vector de energía o, por ejemplo, para mover nuestros coches. Además, obtener esta fotosíntesis artificial implica replicar, no solo la fase lumínica, con la que obtenemos oxígeno e hidrógeno, sino también la oscura, con la que se lograría atrapar el dióxido de carbono.

También a partir de luz, y en este caso aire, se está empezando a conseguir combustible. Mediante concentradores solares se captura el dióxido de carbono y el agua de la atmósfera para convertirlos en combustible para la aviación. El óxido de cerio libera oxígeno a temperaturas elevadas, con la formación de vacantes; al enfriarse, extrae oxígeno del agua y del dióxido de carbono, generando hidrógeno y monóxido de carbono. Este último, a través del proceso Fischer-Tropsch, posibilita la obtención de combustible.

Otros de los ODS en los que el papel de la química va a ser imprescindible son el de Ciudades y comunidades sostenibles y el de Producción y consumo responsables, ambos bastante interrelacionados. En nuestra actual economía lineal, extraemos de la tierra todo aquello que necesitamos. Sin embargo, somos muy poco eficientes, ya que solo empleamos un 31 % de lo extraído. Además, como he comentado, somos básicamente lineales en la producción, ya que menos del 10 % de lo utilizado es reciclado.

Por eso, otro de los objetivos es obtener materiales que sean fácilmente reciclables. Como hemos visto en los capítulos anteriores, nuestro consumo de polímeros se extiende a múltiples utilidades y en grandes cantidades. Además de hacer un uso responsable de los mismos es imprescindible que los materiales estén diseñados desde el principio para poder ser reciclados.

En este punto también hay investigadores y profesionales de la química dedicados a desarrollar nuevos productos. Por ejemplo, se están desarrollando nuevos polímeros que incluyen puntos de ruptura mediante la incorporación de enlaces reversibles para facilitar posteriormente su reutilización. No es solo que se degrade más fácilmente, sino que permite la despolimerización secuencial del plástico, permitiendo su reconversión con diferentes usos posteriores.

Un ejemplo de ello es la polidicetonamina (PKD), desarrollada por investigadores del Lawrence Berkeley National Laboratory de Estados Unidos, en donde la reacción química *click* es una de las claves para su obtención. Recordemos que esta reacción química ya la vimos en el capítulo 3 con una aplicación totalmente diferente a nivel celular. Todo un ejemplo de química circular desarrollada desde un diseño inicial racional.

Otro ejemplo es el trabajo desarrollado por investigadores de la Universidad de Constanza, en Alemania, en el que introducen unos puntos de ruptura entre la cadena de polímero de tal naturaleza que una simple solvólisis[39] con un disolvente concreto puede recuperar más del 96 % del material inicial.

Todo lo anterior son investigaciones actuales, tanto de universidades como de empresas, que, de un modo u otro, y en un tiempo relativamente corto, verán la luz como productos y tecnologías habituales, haciendo de nuestro planeta un mundo más sostenible.

—Claudia, si quieres ver todos los aspectos en los que la química está trabajando y lo hará en los próximos años para alcanzar los ODS te recomiendo que leas algún artículo o veas alguna conferencia de Javier García Martínez. Ya sabes que Javier…

—Papá, ¡cómo no voy a saber, viviendo en esta casa, quien es Javier García Martínez! Sé que es el presidente de la IUPAC,[40] que es la mayor federación internacional del mundo de la química. Te prometo que miraré algunas de sus charlas, si tú me…

---

39. La solvólisis es un proceso químico en el que se emplean disolventes para provocar la despolimerización de materiales plásticos.
40. Unión Internacional de Química Pura y Aplicada.

20.
La química del futuro ya está aquí

No podíamos terminar estas veinte razones para amar la química sin mencionar tal vez la de más rabiosa actualidad: su vinculación con la inteligencia artificial (IA), una disciplina que podríamos incluir dentro de las ciencias de la computación y cuyo propósito es imitar el intelecto humano. Tal vez la IA nos parezca un mundo alejado de la química, pero veremos que tanto las ciencias de la computación como la inteligencia artificial han permitido y permitirán el avance de la química, generando una disciplina propia como es la «química computacional».

La mecánica cuántica desarrollada a finales del siglo XIX y principios del XX abrió un mundo de explicaciones y predicciones teóricas en la química. Nacía así la llamada «química teórica», en la que los principios físicos y las matemáticas daban carta de naturaleza a una especialidad que, además de transcurrir en la frontera de las disciplinas, haría avanzar la química hacia terrenos más sólidos.

Esa naciente química teórica se enfrentaba a una tremenda complejidad para determinar con exactitud, por ejemplo, la representación física de un sistema de partículas. Con el desarrollo de la tecnología computacional, estos retos empezaron a ser realizables, naciendo así la química computacional.

Al igual que todos los aspectos relacionados con los ordenadores, el avance en estas máquinas electrónicas ha permitido realizar más cálculos, en menos tiempo y con mayor precisión. Así, los químicos computacionales emplean la computación para resolver problemas y crear simulaciones que requieren cantidades masivas de datos.

Este campo se aplica, por ejemplo, a simulaciones para identificar sitios específicos en proteínas que puedan tener mayor probabilidad de unirse a un ligando determinado, para crear modelos de reacciones químicas que permitan su estudio o para explorar procesos físicos básicos que transcurren tras fenómenos como la superconductividad, el almacenamiento de energía o la fotocatálisis.

Como podemos intuir, la colaboración con físicos e informáticos es imprescindible en este campo de la química. Hay que implementar nuevo *software* y *hardware*, hay que desarrollar modelos informáticos y realizar e interpretar análisis estadísticos.

Su aplicación también es transversal a toda la química, desde la química para el desarrollo de nuevos fármacos, como ya vimos en el capítulo 4, hasta la química industrial en operaciones básicas, pasando por la química del procesado del petróleo.

Dentro del análisis estadístico el tratamiento de datos químicos está cobrando gran relevancia. Cada vez se dispone de más información química, en gran parte debido a que existe más y mejor instrumentación que permite caracterizar compuestos y procesos. Por ejemplo, lo que ayer no podía detectarse en un control antidopaje, hoy puede hacerse gracias a la mayor sensibilidad de los equipos de espectrometría de masas.

De esta forma ha surgido otra especialidad dentro de la química llamada «quimiometría», que se dedica a la aplicación de métodos matemáticos y estadísticos para el análisis de datos químicos. A su vez, la quimiometría se convierte en una herramienta fundamental para ensanchar el conocimiento cuando se aplica a datos derivados de procesos químicos que involucran metabolitos, dando lugar a lo que conocemos como «metabolómica», que hemos visto en el capítulo 3.

Esta especialidad tiene ya un reflejo en la vida real. ¿Por qué un vino sabe diferente? ¿Por qué los catadores pueden llegar a diferenciar un vino de Rioja de uno de Burdeos? El vino está formado por cientos de compuestos, muchos de los cuales aportan las características organolépticas propias de cada uno de ellos. Estamos hablando, fría y llanamente, de una mezcla de moléculas en una determinada proporción. Se puede adquirir una huella dactilar que identifica cada vino con su procedencia, con su añada, con su elaboración... Esta composición, que al final está formada por infinidad de datos, podemos examinarla mediante instrumentación quimicofísica y podemos analizarla mediante métodos matemáticos y estadísticos. De esta forma tenemos instrumentación y técnicos preparados para diferenciar vinos, pero también, por ejemplo, disfunciones patológicas en biofluidos, es decir, enfermedades. Estas investigaciones están siendo palpables en el día a día, y en ellas los químicos desempeñan un papel activo. Como innovaciones tangibles están siendo, y lo serán todavía más, las propiciadas por la irrupción de la inteligencia artificial. Como en todos los campos, la IA y el aprendizaje automático están incidiendo de manera decisiva también en la química. Donde hay datos, la automatización avanzada tiene mucho que aportar.

Ya vimos en el capítulo 4 cómo la inteligencia artificial a través de la plataforma AlphaFold había logrado predecir la estructura de más de doscientos millones de proteínas. Aunque este es solo el primer paso. En una reciente publicación,[41] y a través de la plataforma RoseTTAFold All-Atom, se muestra el desarrollo de este tipo de aprendizaje profundo aplicado a proteínas cuando estas interaccionan con moléculas pequeñas. Este tipo de interacción afecta a la estructura de la proteína y, como siempre que se afecta la estructura, la función de la proteína se desencadena o se ve afectada. Más recientemente, y en este sentido, a principios de mayo de 2024, DeepMind ha lanzado AlphaFold 3, una

41. https://cen.acs.org/analytical-chemistry/structural-biology/new-tool-protein-designers/101/i36

versión que permite predecir la estructura de las proteínas con diferentes ligandos. Este avance se aprecia como un hito increíble en el desarrollo de nuevos medicamentos.

Otra interesante y reciente aplicación del aprendizaje automático en el campo de las proteínas es la publicada en la revista *Nature* en diciembre de 2023.[42] En este estudio se seleccionaron, a través de un algoritmo, un conjunto de proteínas del torrente sanguíneo para establecer el ritmo de envejecimiento en cada tipo de órgano. Los resultados de estas investigaciones abren un campo de mejora para la medicina preventiva individualizada y de precisión.

La inteligencia artificial irá, poco a poco, alcanzando los diferentes campos de la química y lo hará con todo su potencial a medida que los datos precisos y accesibles estén disponibles para las máquinas. Se necesitan más datos, tanto experimentales como simulados. También aquellos que han conducido a experimentos fallidos, aunque, por desgracia, estos últimos no suelen hacerse públicos.

Existe un campo donde se está iniciando un tímido pero decidido avance: el de la retrosíntesis. Este proceso se inicia con la estructura que el químico quiere obtener, un fármaco, un colorante, un cosmético…, y trabaja hacia atrás para determinar los mejores sustratos de partida y las diferentes secuencias de pasos que se necesitarán para sintetizarla.

42. Oh, H. SH., Rutledge, J., Nachun, D. *et al.* «Organ aging signatures in the plasma proteome track health and disease». *Nature* 624, 164-172 (2023). https://doi.org/10.1038/s41586-023-06802-1

Cuando los químicos sintetizan un nuevo producto describen su metodología experimental, pero muchas veces sin el suficiente detalle para ser exhaustivo y que sea aprovechable por una máquina. Aun así, los químicos sintéticos intuyen ya el día en el que su diseño de síntesis vendrá dado, en gran medida, por la inteligencia artificial.

Para ello, será necesario extraer de manera óptima los datos de las publicaciones científicas y que se permita que las máquinas entiendan el lenguaje químico a través de sistemas y algoritmos apropiados. Por eso, un campo de enorme interés es el del procesamiento de lenguaje natural para hacer que los ordenadores entiendan el lenguaje humano. Sin embargo, la literatura científica, especialmente la química, contiene numerosos términos técnicos difíciles de procesar con herramientas habituales de procesamiento de lenguaje natural. Los trabajos de investigación que se están realizando ahora seguro que se verán reflejados en breve en aplicaciones reales.

El siguiente paso, que realmente se simultanea con el paso anterior, es que las operaciones básicas de un laboratorio puedan ser controladas y realizadas por máquinas convenientemente entrenadas y con los datos pertinentes.

Por ejemplo, a través de un diseño inverso asistido por inteligencia artificial, que implica comenzar por las propiedades deseadas para un determinado material fabricable a bajo coste, se han podido seleccionar materiales óptimos para fabricar diodos orgánicos fosforescentes. Mientras estas herramientas se pulen y optimizan, el trabajo del químico, en colaboración con informáticos, estará en la obtención de

Glosario |

Aunque a lo largo del libro se han abordado algunos de los términos más especializados, es posible que haya algunos otros que también necesiten una breve definición. Este glosario pretende llenar ese hueco, aunque es posible que como lector eches en falta la definición de algún término adicional que te resulte desconocido.

1-Hexanol. Es un alcohol que tiene la fórmula molecular de $C_6H_{14}O$. Es responsable de ciertos olores en la naturaleza y en algunos alimentos.

1-Propanol. Es un alcohol que tiene la fórmula molecular de C_3H_8O. Es responsable de ciertos olores en la naturaleza y en algunos alimentos. Tiene diversos usos como anticongelante o antiséptico.

α-Citral. También llamado geranial, tiene la fórmula molecular de $C_{10}H_{16}O$. Está presente en diversas plantas y frutos.

α-Hidroxiácidos. Son una familia de ácidos utilizados como exfoliantes. Un ejemplo es el ácido láctico procedente de la leche.

Acetato de butilo. Es un éster que tiene la fórmula molecular de $C_6H_{12}O_2$. Está presente en los aromas de algunas frutas y también se emplea como disolvente.

Acetato de celulosa. Este compuesto proviene de la reacción entre la celulosa y el anhídrido acético (un derivado del ácido acético) y desde su descubrimiento ha tenido múltiples empleos.

Acetato de etilo. Es un éster que tiene la fórmula molecular de $C_4H_8O_2$. Está presente en algunas frutas y es empleado como disolvente universal.

Acetona. Es un compuesto que tiene la fórmula molecular de C_3H_6O. Se encuentra de forma natural, aunque para su empleo industrial se sintetiza a partir de derivados de petróleo.

Ácido ascórbico. Más conocido como vitamina C, tiene una fórmula molecular de $C_6H_8O_6$. Como todas las vitaminas, el cuerpo humano la necesita en pequeñas cantidades para su normal funcionamiento.

Ácido carboxílico. Es un compuesto orgánico que contiene un grupo carboxílico ($C(=O)OH$) y cuyo ejemplo más conocido es el ácido acético, componente principal del vinagre.

Ácido glicólico. Es un ácido carboxílico que tiene la fórmula molecular de $C_2H_4O_3$. Es un hidroxiácido ampliamente utilizado en dermatología y cosmética.

Ácido retinoico. Es un derivado de la vitamina A que interviene en funciones de crecimiento y desarrollo. Se emplea en varios tratamientos médicos.

Ácidos sulfónicos. Son una familia de ácidos que incorporan en su fórmula el azufre. Es empleado en la industria de los tintes y detergentes.

Acrílico. Material sintetizado a partir del ácido acrílico. Este ácido es un compuesto que tiene la fórmula molecular de $C_3H_4O_2$.

Acrilonitrilo. Es un compuesto orgánico que tiene la fórmula molecular de C_3H_3N y utilizado en la síntesis de materiales plásticos.

Alcanfor. Es un compuesto orgánico que tiene la fórmula molecular de $C_{10}H_{16}O$. Se encuentra de forma natural en las hojas de diversos árboles. Ha tenido y tiene múltiples usos, como los de repelente de insectos o componente de perfumes.

Aluminosilicatos. Este término alude a diversos minerales como feldespato, clorita o rocas como la arcilla, que en su composición contienen óxidos de aluminio (Al_2O_3) y óxidos de sílice (SiO_2).

Anilina. Es una amina que tiene la fórmula molecular de C_6H_7N. Tiene la particularidad de tener un grupo NH_2 unido a un anillo de benceno (C_6H_6). Es ampliamente utilizado como producto de partida para obtener plásticos, pinturas, herbicidas...

Arenisca. Es una roca sedimentaria compuesta por minerales como el cuarzo y el feldespato, por lo que su composición química está constituida por diversos silicatos.

Áridos. Es material granulado procedente generalmente de rocas fragmentadas.

Avobenzona. Es un compuesto orgánico que tiene la fórmula molecular de $C_{20}H_{22}O_3$. Es un material soluble en aceite, propiedad importante en cosmética, e ingrediente de cremas protectoras frente al sol.

Bacteriostático. Es un efecto producido por un compuesto que, sin producir la muerte de la bacteria, impide su crecimiento.

Basalto. Es una roca de procedencia volcánica rica en silicatos.

Biocompatibilidad. Es la capacidad de un material de no producir rechazo en un medio biológico.

Biomoléculas. Son las moléculas que constituyen los seres vivos. Aunque las principales con los carbohidratos, proteínas, lípidos y ácidos nucleicos, también hay numerosas moléculas de menor tamaño imprescindibles para determinados seres vivos.

Butanoato de etilo. Es un éster que tiene la fórmula molecular de $C_6H_{12}O_2$. Está presente en diversas frutas y vegetales y se emplea para dar aroma y sabor a diversos alimentos.

Caliza. Es una roca sedimentaria cuyo principal mineral es la calcita, es decir, carbonato de calcio ($CaCO_3$).

Caroteno. Es una familia de compuestos orgánicos, generalmente procedente de las plantas, que tiene diversas utilidades como, por ejemplo, la de aditivo alimentario.

Catalizador. Es una sustancia que facilita que se produzca una reacción química. Se asocia al dispositivo de los coches para eliminar contaminantes.

Celulosa. Es un polímero natural constituido por la repetición de un carbohidrato, en concreto la glucosa.

Clínker. Es un término de construcción para indicar uno de los productos intermedios en la obtención del cemento, en concreto, se refiere al granulado que proviene de la cocción a alta temperatura de una mezcla de caliza y arcilla.

Colágeno. Es un tipo de proteínas constituidas principalmente por una sucesión de los aminoácidos prolina, glicina y lisina. Su función es esencialmente estructural.

Composite. Es una mezcla heterogénea de diversos materiales que permiten una mejora de las propiedades físicas de cohesión, rigidez, resistencia y ligereza.

Cromatografía de gases. La cromatografía es un método de separación de mezclas basado en una retención selectiva de los componentes de dicha mezcla, por parte de una fase estacionaria. En la cromatografía de gases, la fase móvil, que lleva la mezcla a través de la fase estacionaria, es un gas.

Cromatografía de líquidos. Es este caso, la fase móvil es un líquido o mezcla de líquidos.

Cuarcita. Es una roca metamórfica cuyo componente mayoritario es el cuarzo, un mineral de sílice (SiO_2) con múltiples usos y referente en la famosa escala de dureza de Mohs.

Deuterio. Es un isótopo del hidrógeno que tiene en su núcleo un protón y un neutrón.

Diisocianato. Son compuestos orgánicos que se caracterizan por tener en su estructura el grupo isocianato (-N=C=O). Se utilizan para la obtención de plásticos como los poliuretanos.

Diol. Es un compuesto orgánico que se caracteriza por tener en su estructura dos grupos alcohol (OH).

***p*-Dioxanona.** Es un compuesto que tiene la fórmula molecular de $C_4H_6O_3$. Tiene una estructura que le permite reaccionar fácilmente y por ello es muy utilizado en reacciones de polimerización.

Dolomita. Es un mineral compuesto por carbonato de calcio y magnesio de fórmula $CaMg(CO_3)_2$.

Electrolito. Es una sustancia que en disolución proporciona iones libres que permiten la conducción eléctrica.

Eosina. Son compuestos colorantes (color anaranjado-rosado) empleados en histología, pero también en la industria textil.

Espectrometría de masas. Es una técnica de análisis instrumental que nos permite conocer la masa de los compuestos.

Éster. Son compuestos orgánicos de fórmula general R-C(=O)-O-R', donde R y R' pueden ser diferentes secuencias de átomos, generalmente de carbono.

Etileno. Es un compuesto orgánico que tiene la fórmula de $CH_2=CH_2$. Se utiliza principalmente para la obtención del plástico polietileno, pero también tiene otros usos industriales, como compuesto para formar la maduración de los frutos.

Fangos. Hablando de depuración de aguas, este término

también es conocido como lodos, y consiste en una mezcla de agua y sólidos separada del agua residual.

Fluoresceína. Es un compuesto colorante que tiene una fórmula molecular de $C_{20}H_{12}O_5$. Entre otros usos está la detección de anomalías cardiovasculares.

Fotocatálisis. Es una reacción química catalítica promovida por la absorción de luz.

Fotocrómica. Es un efecto que implica el cambio reversible entre dos especies químicas, que permite que un cristal transparente, al incidir poca luz, se vuelva oscuro bajo una fuente lumínica.

Fotoiniciador. Es un compuesto que genera reactividad cuando se expone a determinada radiación de luz ultravioleta o luz visible.

Fotopolimerización. Es una reacción química, inducida por luz, para la obtención de un polímero.

Galena. Es un mineral de fórmula PbS, siendo una de las principales fuentes para la obtención de plomo.

Granito. Es una roca de origen volcánico formada principalmente por los minerales cuarzo, feldespato y mica.

Hidrogel. Es un material de base polimérica caracterizado por su gran capacidad para absorber agua u otros fluidos.

Hidroxiapatita. El término define tanto a un mineral como a un material biológico formado por fosfato de calcio de fórmula $Ca_5(PO_4)_3(OH)$.

Homosalato. Es un compuesto orgánico que tiene una fórmula molecular de $C_{16}H_{22}O_3$. Se emplea fundamentalmente en protectores solares.

Isótopo. El término define a los átomos de un mismo elemento cuyos núcleos tienen un número diferente de neutrones.

Lignina. Es un tipo de polímeros naturales que son fundamentales a nivel estructural en la mayoría de las plantas.

Limoneno. Es un compuesto orgánico que tiene una fórmula molecular de $C_{10}H_{16}$. Forma parte de la cáscara de los cítricos aportándoles un olor característico.

Lodos piríticos. Son residuos producidos en minas de extracción de piritas, un mineral de fórmula FeS_2. Estos lodos en contacto con el aire pueden variar su composición.

Mecánica cuántica. Es un campo de la física que estudia los sistemas atómicos y subatómicos, así como las fuerzas que intervienen en los mismos.

Metabolitos. Es una molécula utilizada o producida durante el proceso de asimilación de alimentos, u otro tipo de sustancia, por parte de los seres vivos.

Metil isocianato. Es un compuesto orgánico que tiene una fórmula molecular de C_2H_3NO. Su uso principal es la obtención de pesticidas y su síntesis requiere de productos de partida como el fosgeno ($COCl_2$).

Nitrato de guanidinio. Es un compuesto orgánico que tiene la fórmula molecular de $CH_6N_4O_3$.

Nitrocelulosa. Es un compuesto altamente inflamable formado por la nitración de la celulosa mediante la reacción con ácido nítrico (HNO_3).

Oxibenzona. Es un compuesto orgánico que tiene la fórmula molecular de $C_{14}H_{12}O_3$. Es empleado como ingrediente en protectores solares.

Péptido. Son moléculas orgánicas formadas por la unión de varios aminoácidos. Cuando el número de aminoácidos es muy alto, a esas moléculas se les denomina proteínas.

Perovskita. Es un mineral de óxido de titanio y de calcio de fórmula $CaTiO_3$.

Propelente. Es un fluido capaz de ejercer presión al estar contenido en un recipiente cerrado.

Proyecto Manhattan. Fue el proyecto desarrollado durante la II Guerra Mundial para producir armas nucleares.

Rayos X. Es una radiación electromagnética con capacidad ionizante, ya que al interactuar con la materia produce la generación de cargas (iones).

Resonancia magnética nuclear. Es un fenómeno físico que aprovecha las propiedades mecano-cuánticas de los núcleos atómicos. Sirve para obtener información a nivel molecular y fisiológico.

Riboflavina. Es la vitamina B2 y se emplea también como colorante alimentario.

Safranal. Es un compuesto orgánico que tiene la fórmula molecular de $C_{10}H_{14}O$ y es aislado del azafrán.

Secuestrante de metales. Técnicamente, se les denomina agentes quelantes, y permiten formar complejos con iones metálicos y disminuir la concentración de los mismos.

Semiconductor. Es un material que en función de las condiciones puede actuar como conductor eléctrico.

Sinterización. Es un tratamiento térmico o de presión que permite uniones entre partículas para compactar el material.

Talco. Es un mineral de silicato de magnesio hidratado con fórmula $Mg_3Si_4O_{10}(OH)_2$. Es el mineral de menor dureza en la escala de Mohs.

Tensioactivo. Son compuestos químicos que disminuyen la tensión superficial entre dos líquidos. La mayoría son compuestos orgánicos con una cabeza hidrofílica (amiga del agua) y una cola hidrofóbica (escapa del agua).

Teoría vitalista. Era una teoría según la cual los seres vivos tenían algún elemento no fisicoquímico, una «fuerza vital», que los hacían diferente de las cosas inanimadas.

Tocoferol. Es una clase de compuestos orgánicos, muchos de los cuales tienen una actividad de vitamina E. Esta familia de compuestos suele utilizarse como aditivo alimentario. En concreto, el E306 es el denominado tocoferol, pero el E307, E308 y E309 son también compuestos de la misma familia.

Tritio. Es un isótopo del hidrógeno. En este caso posee en su núcleo un protón y dos neutrones.

Vidrio crown. Es un tipo de vidrio utilizado para lentes, fabricado con silicatos alcalinos combinados con óxido de potasio. Esta denominación también se emplea para otros materiales con similares propiedades que combinan otro tipo de compuestos.

Violeta de metilo. También denominado cristal violeta, es el nombre de una serie de compuestos orgánicos cuyo color varía con el pH. Es empleado como colorante.

Yeso. Es un mineral de sulfato de calcio dihidratado ($CaSO_4$ $2H_2O$). También se denomina así a un material utilizado en construcción, compuesto por sulfato de calcio con diferente proporción de agua.

Bibliografía |

Ball, Philip, *La invención del color*, Turner, 2012.

García Bello, Deborah, *Todo es cuestión de química*, Ediciones Paidós, 2016.

García Martínez, Javier, *España a ciencia cierta*, Gestión 2000, 2021.

González Mendía, Oskar, *Por qué los girasoles se marchitan*, Cálamo, 2020.

Gray, Theodore, *Moléculas*, Vox, 2015.

Herradón García, Bernardo, *Los avances de la química*, Catarata-CSIC, 2011.

López Nicolás, José Manuel, *Vamos a comprar mentiras*, Cálamo, 2016.

López Nicolás, José Manuel, *Un científico en el supermercado*, Planeta, 2019.

Miglietta, Alessio A., Átomos y moléculas. Breve historia de la química, Susaeta, 2019.

Muñoz Páez, Adela, *Pura química*, Flash, 2021.

Nguyen-Kim, Mai Thi, *Mi vida es química*, Ariel, 2020.

Sucunza, David, *Drogas, fármacos y venenos*, Guadalmazán, 2021.

TORREGROSA, DANIEL, *Química asombrosa*, Pinolia, 2023.
VARIOS AUTORES, *El libro de la química*, Akal, 2023.

Recursos *on line*

Anales de Química. Revista de la Real Sociedad Española de Química. https://analesdequimica.es/index.php/AnalesQuimica
Careers & the Chemical Sciences. American Chemical Society. https://www.acs.org/careers/chemical-sciences/fields.html
Compound Interest: Chemistry infographics. https://www.compoundchem.com
Foro Química y Sociedad. https://www.quimicaysociedad.org

Su opinión es importante.
En futuras ediciones estaremos encantados
de recoger sus comentarios sobre este libro.

Por favor, háganoslos llegar a través de nuestra web:

www.plataformaeditorial.com

Para adquirir nuestros títulos,
consulte con su librero habitual.

«*I cannot live without books*».
«No puedo vivir sin libros».

THOMAS JEFFERSON

Desde 2013, Plataforma Editorial planta un árbol
por cada título publicado.